烹饪工艺与营养专业系列教材

面点制作技术

中国名点

篇

欧阳灿　罗文　陈迤　主编　陈实　程万兴　副主编

摄影　张松　冯明会　胡金祥　参编

西南交通大学出版社

·成都·

图书在版编目（CIP）数据

面点制作技术. 中国名点篇 / 陈迤主编. —成都：
西南交通大学出版社，2013.1（2024.3 重印）
烹饪工艺与营养专业系列教材
ISBN 978-7-5643-2178-9

Ⅰ.①面… Ⅱ.①陈… Ⅲ.①面食－制作－中国－教
材 Ⅳ.①TS972.132

中国版本图书馆 CIP 数据核字（2020）第 016908 号

Pengren Gongyi Yu Yingyang Zhuanye Xilie Jiaocai

Miandian Zhizuo Jishu——Zhongguo Mingdian Pian

烹饪工艺与营养专业系列教材

面点制作技术—— 中国名点篇

陈 迤 主编

责 任 编 辑	邱一平
封 面 设 计	墨创文化
出 版 发 行	西南交通大学出版社
	（四川省成都市金牛区二环路北一段 111 号
	西南交通大学创新大厦 21 楼）
营销部电话	028-87600564　028-87600533
邮 政 编 码	610031
网　　　址	http://www.xnjdcbs.com
印　　　刷	四川玖艺呈现印刷有限公司
成 品 尺 寸	185 mm×260 mm
印　　　张	11.75
字　　　数	292 千字
版　　　次	2013 年 1 月第 1 版
印　　　次	2024 年 3 月第 10 次
书　　　号	ISBN 978-7-5643-2178-9
定　　　价	49.50 元

烹饪工艺与营养专业

系列教材编写委员会

本书作者简介
BENSHU ZUOZHE
JIANJIE

　　陈　迤　副教授，中国营养学会会员，国家职业技能鉴定高级考评员，任教于四川旅游学院烹饪学院，主要教授面点工艺学、面点制作技术、淮扬点心制作技术等几门课程及烹饪研究工作。近年来主编或参编教材及专著近5部，在各级杂志中发表论文10余篇；主持省级科研项目1项，参与省级科研项目近5项，主持、参与2门校级精品课建设，获得校级教学成果奖2项。

　　陈　实　讲师，中国烹饪大师，川菜烹饪大师，任教于四川旅游学院烹饪学院，主要从事面点工艺及制作技术、广东点心制作技术等课程教学。蜀丰餐饮管理公司董事长、川粤城酒楼董事长、新王府酒楼总监；曾多次代表学校赴国外交流学习；曾获得中国"伊尹奖"餐饮企业管理成就奖，中国餐饮总评榜"十大风云人物"等奖项。

　　程万兴　讲师，中国烹饪名师，面点技师，面点师高级考评员，任教于四川旅游学院烹饪学院，主要担任面点工艺、面点制作技术、中西点制作等课程的教学工作。近年来，主编或参编教材数部；参与省级校级精品课程建设2项，参与省级校级科研课题2项，获得省级校级教学成果2项；曾代表学校赴美交流获得"川菜烹饪友好使者"荣誉称号。

　　张　松　副教授，中国烹饪名师，面点技师，任教于四川旅游学院烹饪学院，主要从事面点工艺学、面点制作技术、北方面食、烹饪美学等课程教学。曾代表学校参加烹饪比赛多次获得金奖，多次指导学生参与烹饪赛事摘金夺银；曾代表学校多次赴法、澳、美等国交流；近年来，主持省级科研课题2项，参研多项；主持精品课程建设2项，主编或参编教材数部，发表专业论文多篇。

罗　文　教授，硕士，四川旅游学院教学名师，中国粮油学会发酵面食分会理事会理事，中国健康管理协会分会常务理事，国家职业技能鉴定高级考评员，中国烹饪名师，四川省行业技术能手，高级面点技师，任教于四川旅游学院烹饪学院，主要从事面点工艺学、面点制作技术，面点基础训练等课程的教学。近年来先后在国内外公开专业刊物发表学术论文三十多篇；主编及参编面点教材以及烹饪专业书籍十多部；主持省部级科研项目5项；负责国际合作项目1项，负责课程思政项目1项，负责校级质量工程项目1项；参与国家级科研项目5项，省级、厅级科研项目二十多项；获得中国烹饪协会中餐科技进步奖一等奖1项、获得四川旅游学院教学成果奖一等奖1项、三等奖2项、优秀奖2项；获得四川省名俗学会优秀科研成果三等奖1项。

冯明会　副教授，四川省职业技能鉴定命题专家，成都市技术能手，高级烹调技师，高级面点师，高级健康管理师，高级调酒师，任教于四川旅游学院烹饪学院，主要担任面点工艺学、面点制作技术、面塑等课程教学。曾多次在全国及省、市烹饪大赛中获特金奖、金奖；指导学生获得全国烹饪比赛金奖被评为优秀指导教师；近年来参编教材8部，发表专业论文5篇；参与省级课题6项，主持校级课题1项，参与校级精品课程建设2项。

胡金祥　讲师，川菜烹饪名师，高级烹调技师，成都市面塑区级非物质文化遗产传承人，任教于四川旅游学院烹饪学院，主要担任面点工艺学、面塑、食品雕刻、西点基础等课程教学。曾代表成都面塑协会赴法国、美国、白俄罗斯、坦桑尼亚交流；近年来参编教材4部，发表专业论文数篇；多次代表学校参加烹饪比赛获奖，多件面塑作品被成都市民间文艺家协会收藏。

序 XU

　　改革开放以来，特别是进入新世纪以来，我国餐饮业得到了迅速发展，取得了长足的进步。随着我国城市化、市场化、全球化和信息化的深入发展，餐饮业的竞争将进一步加剧，而高素质、高技能人才是竞争的焦点。

　　百年大计，教育为本，人才培养的关键在教育。我国烹饪教育伴随着共和国的经济发展和社会进步，取得了丰硕的成果，但还不能完全适应产业迅速发展的需求。推动餐饮业发展的关键是烹饪教育的人才培养模式和教育教学必须适应人才市场的需要。

　　以人为本，不断改善民生是我们共同的愿望。餐饮业等现代服务业对吸纳就业和提高人民生活品质有着巨大作用，因此未来这一产业还将迅速发展。但随着中西交汇、南北融合和生活节奏的加快，市场促使产业分工细化、专业化和升级换代，这就要求烹饪教育必须进行改革。教育观念，人才培养模式，教育内容、手段和方法，教育和人才评价考核方法，以及学校服务社会的形式等都需要根据国家的教育改革举措和市场的需求进行更新和转型。

　　教材建设是人才培养的重要方面，是课程建设和改革的关键环节，是更新教学内容的重要手段，事关人才培养的基本规格。因此，不断推出新教材，特别是成体系的精品教材，是一项有益的基础性工作，必将推动烹饪教育事业的发展。

　　作为教师，我十分乐意看到成千上万的学生健康成长，成人成才，成为行业的中坚力量和大师。

　　是为序。

（四川烹饪高等专科学校校长）

二〇一〇年十二月十日凌晨
于成都廊桥南岸小鲜书屋

目录
MULU

导言

DAOYAN

　　中国地域辽阔，各地区经过多年的积累，逐步形成了极富地域特色的面食、点心和风味小吃。这些传统风味小吃的制作技艺是我国丰富的文化遗产之一。一提"担担面"就想到四川，一提"三丁包子"就想到扬州，一提"炸酱面"就想到老北京，一提"虾饺"就想到广东。很多风味名、特、优小吃已经成为了一个地域的食文化象征。

　　现今的中国社会人员流动性越来越大，造成就餐需求越来越多样化，使得餐饮行业从业人员必须不断地求新求变，我们让学习者对不同流派的面点制作技术同时了解和学习，触类旁通，举一反三，各取所长，达到"技术为我所用，为消费者所用"，才能真正地把中华传统的烹饪技艺传承和发扬光大。

　　我们特地通过对东部代表淮扬面点、北部代表京式面点、南部代表广东点心、西部代表四川小吃的介绍，使学习者能较全面地了解中华名点的地域特点，其中四川小吃篇已出版，这本教材着重介绍东部代表淮扬面点、北部代表京式面点、南部代表广东点心，希望学习者能从中受益。

　　学习这本教材的学习者，应具备面点制作工艺的基本能力，对原材料的选用、设备器具的使用有基本的认识，工艺流程中的各种面团调制、馅心制作、不同的成形手法及成熟技术要有基本的掌握。

　　为了更好地学习本教材，现把需具备的基本技能做一个简要介绍：

　　1、原材料与设备、器具的使用

　　（1）皮坯原料：面点大都以面粉为主，北方更注重面粉，南方对米及米粉的使用更普遍一些。所以学习者必须充分了解面粉、米及米粉的特性，才能为技术的应用做好准备。

　　（2）馅心原料：面点大都以各种养殖的禽、畜、河海鲜等为主，辅以各种时鲜菜蔬。由于地域和季节的变化，学习者要特别注意了解这些原材料的特性。

　　（3）对于设备的使用要注意安全问题，因为厨房是一个高热高湿的环境。

（4）面点制作的效果往往要靠各种器具的合理使用才能达到，所以学习者必须熟练掌握这些器具的使用。

2、工艺流程的掌握

（1）面团。

根据所用食材的不同，我们一般要知道常用的面团有面粉面团、米及米粉团、淀粉面团、杂粮面团、果蔬面团等。

其中最常见的是面粉面团，根据调制技术它又分为水调面团（表1-1）、膨松面团（表1-2）、油酥面团（表1-3）。

表1-1 水调面团

	调制水温	成团原理	面团特点	品种举例
冷水面团	30℃左右冷水	蛋白质溶胀作用	色白，筋力强，富有弹性、韧性、延伸性	韭菜水饺
温水面团	60~80℃温水	蛋白质溶胀作用、淀粉糊化作用	色较白，有一定筋力，可塑性良好	花式蒸饺
热水面团	80℃以上热水	蛋白质溶胀作用、淀粉糊化作用	色较暗，有一定筋力，可塑性良好	锅贴饺子
沸水面团	100℃沸水（锅内）	淀粉糊化作用	色暗，粘糯、无筋力，可塑性好	南瓜蒸饺

表1-2 膨松面团

	膨松剂	膨松原理	面团特点	品种举例
生物膨松面团	酵母菌	酵母菌发酵产生 CO_2 气体	膨胀松软	花卷
物理膨松面团	蛋液、油脂	蛋液、油脂被物理搅打充气起泡	较浓稠的膏状物	凉蛋糕
化学膨松面团	小苏打、泡打粉等化学膨松剂	化学膨松剂在制品加热成熟时发生化学反应产生气体	和没加膨松剂的面团状态一样	油条

表1-3 油酥面团

	主要配料	成团原理	面团特点	品种举例
层酥面团	油脂、水	蛋白质溶胀作用；粘结作用	水面：细腻、光滑、柔韧 油面：可塑性很好、几乎没有弹韧性。	龙眼酥
混酥面团	糖、蛋液、油脂、化学膨松剂	粘结作用	可塑性很好、几乎没有弹韧性。	桃酥
浆皮面团	糖浆、油脂、化学膨松剂	粘结作用	可塑性很好、几乎没有弹韧性。	广式月饼

（2）馅心。

馅心的使用会直接决定制品的特色，了解馅心的种类（表1-4）可以更好地掌握和使用它。

表1-4 馅心的种类

类别			品名举例
口味特点	制法特点	原料特点	
甜馅	拌制馅	果仁蜜饯馅	五仁馅、百果馅
	擦制馅	糖馅	黑芝麻馅、玫瑰馅、冰桔馅、水晶馅
	熟制馅	泥茸馅	豆沙馅、莲蓉馅
	膏酱馅	果酱、油膏、糖膏	草莓酱、鲜奶油膏
咸馅	生馅	生荤馅	水打馅、羊肉馅、三鲜馅、虾饺馅
		生素馅	萝卜丝馅、素三鲜馅
		生荤素馅	鲜肉韭菜馅、牛肉大葱馅
	熟馅	熟荤馅	叉烧馅、蟹黄馅、咖喱馅
		熟素馅	翡翠馅、素什锦馅、花素馅
		熟荤素馅	芽菜包子馅、南瓜蒸饺馅
	生熟馅	生熟荤馅	金钩包子馅
		生熟素馅	茭白豆干馅
		生熟荤素馅	玻璃烧麦馅
甜咸馅			火腿馅、椒盐馅

（3）成形、成熟。

面点的成形对制作者的技术要求较高，一些基本成形方法如搓、擀、卷、包等需要学习者通过大量的练习才能掌握。特别是一些对造型要求较高的制品，不仅需要制作者的技术，还需要制作者的艺术修养。所以学习者必须知道对基本成形方法的学习要靠熟能生巧，而对复杂成形技术则需要更多的积累。

面点的成熟主要有蒸、煮、炸、煎、烙、烤等方法，学习者对这些方法的掌握，既要借鉴菜肴制作的同类方法，也要认识到由于制品的特性已完全不同，在成熟细节上得有很多变化，这样才能制作出色香味形俱佳的成品。

使用说明

1. 本书使用指南

品种名称

面点制作技术 · 中国名点篇

MIZHI NAIHUANGBAO

秘制奶黄包

品种原料图片及制作详情。

一、实训目的

通过实训了解发酵面团的面性，掌握奶黄馅的制作及制作要领。

二、成品标准

皮白心黄，色泽鲜艳，柔软香滑，奶香浓郁。

三、实训准备

1. 原料（制50份量）

（1）皮料：低筋粉500克、高筋粉100克、清水300克、澄粉50克、干酵母6克、泡打粉4克、化猪油30克、白糖50克。

（2）馅料：鸡蛋500克、白糖500克、黄油150克、粟粉150克、鲜牛奶500ml、香精少许。

2. 器具

不锈钢盆、蒸笼、蒸锅。

四、操作步骤

1. 将低筋粉、高筋粉、澄粉和泡打粉和匀过筛，倒在案板上，放入白糖、化猪油和清水，用手搅至白糖完全融化后，放入用温水培养的酵母和匀成团，搓揉均匀静置发酵。

2. 将白糖、粟粉入盆混合均匀，逐一加入鸡蛋搅匀，再加入鲜牛奶、香精、黄油和少量

的热水搅拌均匀成浆糊。

3. 将拌和均匀的浆糊上笼蒸制，每3分钟搅拌一次，蒸35分钟，出笼冷却后即为奶黄馅。

4. 将发酵好的面团反复搓揉光滑下成剂子，再将其擀成圆皮，包上奶黄馅收紧封口捏成圆球体，底部垫上包底纸，放入刷油的蒸笼内，让其松筋后上蒸锅蒸约15分钟即成。

五、操作关键

1. 调制面团时注意各原料的比例，控制好发酵的时间。

2. 奶黄馅蒸制时搅动的次数要掌握均匀，防止淀粉沉起起硬粒。

3. 包馅时收口要好，以免馅心不正中，影响成品美观。

六、品种拓展

奶黄馅制作时可加入少许咸蛋黄，使成品口感带沙感，风味更佳。

品种制作的重要流程图，强调制作过程中的重点与难点，便于掌握其制作方法。

品种典故，说明该品种的由来以及特色。

奶黄包，也叫奶皇包，是一种很传统的广式甜点，成品表面洁白光滑，内细滑柔软。广东人喜欢喝早茶的时候点上一笼，配上泡好的香片，慢慢品味奶黄馅浓郁的奶香和细腻顺滑的滋味。

秘制奶黄包

奶香浓郁　菜软香滑　色泽鲜艳　发白心黄

注明品种所属章节、属性、类别。

品种的成品特点。

2. 本教材中所用主、辅料均为净料；如猪绞肉是指肥3瘦7比例无皮净猪肉加工而得；鲜汤是指用猪棒子骨与清水小火熬制而成；鸡汤是指老母鸡与清水用小火慢炖而成。

3. 炉灶火力在实际操作中存在不确定因素，因此，本教材中所指与火力相关之加热时间供参考。

4. 本教材中所列辅料成形规格如下表：

品名	成形规格	成形方法	适用范围
姜米	细米粒状	生姜切丝后再切成细末	馅心及调味
姜片	1cm见方、0.2cm厚	生姜洗净去皮，切成1cm见方、0.2cm厚的片	面臊及调味
葱花	约0.3cm长	选用最小的葱，将其擦手直切成细花状	馅心及调味
葱节	3cm长的段	选用较粗的葱白，两端直切成3cm长	面臊及调味
姜葱水	姜葱浸泡液	大葱切段，生姜拍碎以体积比1:1入清水中浸泡10~15分钟后所得液体	馅心及调味
细末	0.1cm大小的细末状	将原料剁成细末状	馅心或点缀
细丝	5cm长×0.2cm见方	用直刀法将原料切成5cm长的整形，先切成0.2cm厚的片，再直切成0.2cm见方的丝	馅心或面臊
指甲片	长1.2cm×宽1.2cm×厚0.2cm	先将原料切成1.2cm见方的长条，再横切成0.2cm厚的片	馅心或面臊

5. 本教材中所用主要调料标准如下表：

原料	标 准
精盐	一级食用盐，四川省盐业总公司成都分公司2008年8月，执行标准：GB5461
色拉油	"海皇"一级大豆油，广汉益海粮油有限公司2008年9月，产品标准号：GB1535
酱油	"大王"特级酱油，成都市大王酿造食品有限公司2008年9月，产品标准号：GB18186
醋	"保宁"特级醋，四川保宁醋有限公司2008年9月，产品标准号：Q/21010702.5.001-2005
白糖	"三山"白砂糖，耿马南华华侨糖业有限公司2008年8月，执行标准：GB317-2006

原料	标　　　准
胡椒粉	"味美好"白胡椒粉，上海味美好食品有限公司，执行标准：Q/YCPI 1
芝麻油	"建华"小磨纯芝麻油，四川省成都建华香油厂2008年9月，执行标准：GB/T8233
料酒	"银明"调味料酒，四川省仪陇银明黄酒有限责任公司2008年8月，执行标准：SB/T10416
味精	"豪吉"味精，四川豪吉食品有限公司2008年8月，产品标准号：GB/T8967
淀粉	"天泉"特制玉米淀粉，曲沃县天泉淀粉加工有限公司2008年8月，执行标准：GB8885-88
甜面酱	成都"罗氏"甜面酱，成都罗氏食品酱园厂，执行标准：DB51/T397
干黄酱	北京"六必居"干黄酱，北京六必居食品有限公司，执行标准：Q/ESEJA007
化猪油	樊鑫旺鑫牌化猪油，成都市高新区中和陆消油脂厂，2012年10月，执行标准：Q/LXSC001S-2012
吉士粉	狮牌吉士粉，东莞市进升食品有限公司，2010年9月，执行标准:Q/JS001S
生抽	中坝特级银标生抽，四川清香园调味品股份有限公司，2012年6月，执行标准：GB18186
老抽	中坝特级金标老抽，四川清香园调味品股份有限公司，2012年3月，执行标准：GB18186
臭粉	溢贯牌复配烘焙膨松剂（A型）东莞市溢贯食品有限公司，2011年10月，执行标准：Q/YG10-2008
糖桂花	"花桥"糖桂花，桂林顺来食品有限公司，2011年8月，执行标准：Q/SLY02

　　上述主要原料标准仅为四川烹饪高等专科学校"面点制作技术——中国名点篇"实验中的执行标准，供参考。

四川烹饪高等专科学校
"面点制作技术——中国名点篇"编写组

面点制作技术

MIANDIAN
ZHIZUO JISHU
ZHONGGUO MINGDIAN PIAN

中国名点

篇

淮扬
面点

HUAIYANG
MIANDIAN

第一部分

基础理论

第一章

淮扬面点的风味特色介绍

　　东海之滨，加上亚热带季风湿润气候，使得淮扬地区成为"鱼米水乡"，这里没有缺水的忧虑，没有风沙的肆虐，也没有严寒的冬日。淮扬地区河网密布，水田面积比重很大，生产的农副产品种类较多。既要合理利用有限的土地资源，人力分配也要合理，还要实现尽量大的经济效益，因此当地的人民养成了细致、勤劳、精明、敢于探索的性格和思维。

　　丰富的物产，细致、勤劳、精明、敢于探索的性格造就了淮扬地区的餐饮从业者对技术的精益求精，对美好事物的不断追求，所制作出来的食物既美味可口又精雕细琢。而淮扬面点也传承了这一地域特性，它既是中国东部的代表风味，也是中华名点的重要组成部分。传统的淮扬面点制作精细，讲究色香味形，口味鲜美多汁，风味独特。皮坯以米、面为主，大多品种具有皮薄、馅大、汁多的特点，讲究造型，技术要求高。馅心口味或咸甜或香甜，不少品种使用熟馅，富有独特风味；生馅中不少掺有皮冻，故汁多味浓；甜馅多用果料、蜜饯之类，口味甜香。如扬州的茶点小吃，淮安的特色小吃，南京的金陵小吃，苏州的观前街小吃等，富有代表性的品种有：象形船点、花式蒸饺、淮安文楼汤包、扬州富春茶社的三丁包子、翡翠烧卖、千层油糕、糯米烧卖、蟹黄包子、黄桥烧饼、五仁月饼、青团、定胜糕、阳春面等。

　　淮扬面点，灿若繁星的每一品种，无不闪烁着劳动人民智慧的光华，以精美的色香味形，反映出中国烹调技艺的高超绝伦。但现代社会中，人们的生活节奏越来越快，对于食物消费的需求也在慢慢发生变化，一些传统的技艺也越来越不适应快节奏的餐饮市场，希望学习者能取长补短、有效地借鉴，才能使淮扬面点精湛的技艺在现代餐饮行业中重新发扬光大。

第二章

淮扬面点特色原料与器具介绍

一、皮坯原料

以面粉为主，由于是鱼米之乡，也普遍使用米及米粉。各种杂粮和果蔬甚至鱼虾茸也用来做皮。

特色原料有镶粉、山药、鲜藕等。

镶粉 由一半的糯米粉和一半的粳米粉调制而成，烫制成团后，具有很好的可塑性和韧性，特别适合制作造型类的点心，如船点。

山药 山药又叫薯芋、薯药等。其中淮山药是淮安传统的特色产品，被誉为滋补佳品。

鲜藕 味甘，易于消化，适宜老少滋补。淮扬地区常以藕制作酿制类的点心。

二、馅心原料

淮扬地区水网密布，河产品很多，水生的鱼类和菜蔬被大量入馅。

特色原料有河蟹、各种河鱼、猪皮、蒌蒿等。

河蟹 特别是膏蟹，由于富含蟹黄，常用作蟹黄馅。

河鱼 当地特有的鱼类有鲥鱼、刀鱼、鮰鱼等。

猪皮 主要用作熬制皮冻，制作淮扬地区人们极其喜爱的馅心带汤汁的制品。

蒌蒿 又名芦蒿、青艾等。蒌蒿嫩茎深青或淡绿色，像豆芽菜粗细，有一种特殊香味。

三、特色器具介绍

在淮扬面点制作中传统的中式面点器具较常用，由于特别注重造型类点心的制作，在成形小工具的使用上有独特之处。

面挑：用竹筷或有机玻璃制成。长约14厘米，一头圆，一头尖，用于戳孔眼挖动物造型的鼻、耳。

小剪：用于剪鳞、尾、翅、嘴和花瓣。

铜花钳：长约14厘米，用于夹饺边、水波浪边、动物尾等。

小钢夹：夹花瓣、叶片用。

小镊子：配花叶梗、装足、眼以及夹芝麻等细小物件用。

第三章

淮扬面点制作工艺简介

　　淮扬面点在调味上注重原料的本味，突出酱油的咸鲜味，爱放糖，使制品有明显的回甜味。由于地域的不同、甜味的浓淡也有差异。

　　馅心制作上注重突出原料的鲜香，更进一步特意添加卤冻，提高馅心的口味，卤汁一般通过勾芡，而冻就有更加复杂的加工要求。

在此把常用普通皮冻的制法做一个简介：

1　将肉皮去毛，洗净，放入锅内加入清水、姜葱、料酒，先在旺火上煮沸。

2　捞出冷却后去掉肥肉和毛，用绞肉机绞碎。

3　在锅内加入水、姜、葱，烧开，撇去浮沫油污，然后移至小火慢慢煮透，使胶原蛋白充分融入水中，打去姜葱。

4　起锅调味，盛入开水烫过的盆或钵内放入冰柜冷藏，最后凝结成"冻"。

如要提升皮冻的档次，可用鸡汤制作，冻料不光是肉皮，还要加肉丁、火腿丁、鸡丁等下锅和肉皮一起制冻，用于制作各式高档的汤包。

淮扬面点注重成形，对制品的外形要求特别精致和细腻，运用大量的包、捏、卷、剪等成形手法，塑造出形态各异，千变万化，美轮美奂的各式制品。

在蒸、煮、煎、炸、烤、烙等常用成熟方法都在运用的基础上，为了更好地保持制品的外形，淮扬面点更常选用蒸制的成熟方法，这是它的一大特点。

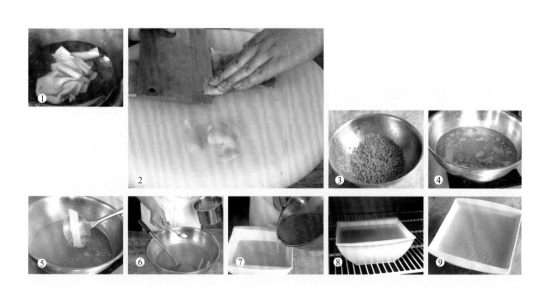

皮冻

第二部分

品种实训

第一章

膨松面团类品种

SANDING BAOZI
三丁包子

一、实验目的

通过实验掌握酵种发酵面团的调制方法，掌握带卤汁馅心的制作，包子的成形方法。

二、成品标准

色白，鲜香，咸中带甜，油而不腻，味浓可口。

三、实验准备

1. 原料（制30份量）

酵面1 800克、猪肉300克、白糖60克、鸡肉150克、冬笋150克、鲜汤250克、水淀粉50克、酱油20克、葱姜末3克、虾籽5克、食碱5克、色拉油50克。

2. 器具

碗、菜板、馅挑、蒸锅、蒸笼等。

四、操作步骤

1. 制馅：将猪肉、鸡肉洗净煮断生，熟猪肉切成0.5厘米见方的肉丁，熟鸡肉切成0.6厘米见方的鸡丁，冬笋切成0.3厘米见方的笋丁。炒锅置火上，加入色拉油，加入姜葱末炒香，再放进切好的三丁炒香，将鲜汤放入炒锅，倒入酱油、白糖，放进虾籽调和，煮沸，再加入调好的水淀粉勾芡，使三丁充分吸进卤汁，盛起凉透备用。

2. 调团：酵面兑好食碱，再用布盖上稍饧一会儿。

3. 成形：搓条下60克重的剂子，拍成直径15厘米左右的圆形坯皮，将凉透的三丁馅用馅挑加进皮子，包捏依次捏出26个左右的皱褶。

4. 成熟：将包好的包子上笼，置于蒸锅上，蒸约12分钟即可出笼。

五、操作关键

1. 酵面要选择登发面。

2. 三丁的比例大小要恰当。

六、品种拓展

若在其馅料中加入虾仁、海参则可制成"五丁包子"。

三丁包子

色白，鲜香，咸中带甜，油而不腻，味浓可口。

三丁包子是20世纪30年代初，由扬州名店富春茶社的面点师尹长山所创。三丁包子的馅心选料讲究，由于外形美观，口味香浓，一直受到消费者的欢迎。

LUOBOSI BAOZI

萝卜丝包子

一、实验目的

通过实验掌握酵种发酵面团的调制方法，掌握含水量很重的时鲜菜蔬馅心的加工，包子的成形方法。

二、成品标准

色白，鲜香，咸中带甜，口感脆嫩。

三、实验准备

1. 原料：（制30份量）

酵面1 800克、白萝卜1 000克、猪肉250克、化猪油150克、酱油20克、白糖30克、芝麻油20克、青蒜苗30克、虾籽5克、味精5克、食盐15克、食碱5克。

2. 器具：

碗、菜板、馅挑、蒸锅、蒸笼等。

四、操作步骤

1. 制馅：把猪肉煮熟切成0.2厘米见方的小丁。青蒜苗剁成细末，白萝卜洗净去皮切成细丝，长度控制在4厘米以内，用食盐腌15分钟，挤去水分。炒锅上火，放入适量化猪油烧热，将肉丁煸炒一下，放入酱油、虾籽、白糖烧沸入味，起锅后放入萝卜丝、化猪油抄拌均匀，再加芝麻油、味精、青蒜苗末抄拌均匀，冷却，即成萝卜丝馅。

2. 调团、成形、成熟方法同三丁包子。

五、操作关键

1. 萝卜丝需提前去水分。

2. 注意肉和萝卜丝的比例，肉不要偏多，以免影响萝卜丝馅的口感。

六、品种拓展

可以根据季节变化，用其他菜蔬代替萝卜。

萝卜丝包子

色白，鲜香，咸中带甜，口感脆嫩。

象形包子
XIANGXING BAOZI

一、实验目的

通过实验掌握各种象形包子的成形方法。

二、成品标准

口感绵软，造型美观，既可食用，又能观赏。

三、实验准备

1. 原料（每个品种两桌宴席24份量）

面粉500克、豆沙馅300克、芝麻馅100克、清水240克、干酵母5克、化猪油10克、白糖50克、各种色素、黑芝麻、可可粉少许。

2. 器具

面挑、铜花钳、小剪、钢夹、圆笔芯、蒸锅、蒸笼等。

四、操作步骤

1. 面粉加入干酵母、白糖、猪油、清水调团，分别加入各种色素和可可粉调成不同颜色的坯团，然后醒制。

2. 各种象形包子的成形、成熟方法（见实例）。

五、操作关键

1. 面团发酵的程度应掌握好，不能完全发好，应是快发好的嫩酵面，避免成品膨胀过度，破坏外形。

2. 每一种象形包子的成形必须把握住所模仿事物的神和型的特点。

六、品种拓展

馅心可以改变，不过最好改成易成团的馅，如枣泥馅、莲茸馅等，避免包制时难以成形。

① ② ③ ④

1. 刺猬包子

1．选择棕色面团，搓条下成30克1个的面剂。每只剂子搓揉光滑，按扁，包上豆沙馅心，收口捏拢向下放。

2．将坯子先搓成一头尖，一头圆的形态，尖部做刺猬头，圆部做尾。用手指把头部压尖，再在头部两侧嵌上两颗黑芝麻便成为刺猬眼睛。放入笼中醒制。

3．把醒好的生坯上蒸锅，蒸约10分钟，成熟后出笼。

4．待出笼后稍凉时，再一手托住包子，一手持小剪刀，尖端横剪一下，做嘴巴，在嘴的上方自上向下剪出两只耳朵，竖起。从刺猬的身上，自头部至尾部，依次剪出长刺来，注意刺条分明，清晰而有立体感，长刺剪好后，然后再用小剪刀在后尾部自上向下剪出一根小尾巴，也把它略竖起，一只玲珑活泼的"小刺猬"便成功诞生了。

FOSHOU BAO

2. 佛手包

1. 选择白色面团，搓条下成30克1个的面剂。每只剂子搓揉光滑，按扁，包上豆沙馅心，收口捏拢向下放。

2. 将坯子用手掌压成一边扁，一头圆的手掌形，扁部用刀切出5个手指。用手指把中间3根手指指尖向下折回。放入笼中醒制。

3. 把醒好的生坯上蒸锅，蒸约10分钟，成熟后出笼即可。

JINYU BAOZI

3. 金鱼包子

1. 选择各色面团，然后把各色面团揉在一起，使面团出现混色效果。然后搓条下剂，按扁，包上豆沙馅心，收口捏拢向下放。

2. 然后将包进馅心的面团捏成葫芦形状，将馅心推往大头一边，把小而尖的一头用面杖擀平，中间切开，刻上印纹，成两条尾巴，再用两小团面，搓成两根长条擀平，一头尖一头圆，刻上印纹粘在金鱼尾巴的两侧，成四尾金鱼。用面团搓成4个一头尖一头圆的小面团按扁后刻上印纹，安在鱼腹下，成胸鳍和腹鳍。

用面挑挑出嘴巴，略向上翘起。用弧形钢夹在鱼头的两侧刻出鱼鳃，在鳃的侧上方按上2只小圆面团做鱼眼球，再在鱼眼球中心用面挑戳2个小洞，安上2只眼珠。在鱼背上用铜花钳钳出背鳍。然后，用圆笔芯稍许用力在鱼身上斜戳出一片片鱼鳞，即成金鱼生坯。

3. 将金鱼生坯上笼再将鱼尾折起成游动状。

4. 把醒好的生坯上蒸锅，蒸约12分钟，成熟后出笼即成。

4. 钳花包子

1. 选择粉红色面团，搓条下成30克1个的面剂。每只剂子搓揉光滑，按扁，包上豆沙馅心，收口捏拢向下。

2. 用铜花钳自下而上地钳出3～4层花瓣，如梅花形状。另取绿色面团搓成3根中间粗两头细的面条，压扁用手指搓成花托，3片花托连在一起放入笼中，然后把夹好的花朵放在花托上。

3. 把醒好的生坯上蒸锅，蒸约10分钟，成熟后出笼即可。

5. 套包子

1. 选择粉色、白色面团，分别搓条下成30克1个的面剂。分别擀成圆皮，将2张圆皮叠成1份，包上豆沙馅心，捏成包子样，收口捏紧，再从包子底挑破第一层皮扒1个小洞，慢慢把第一层皮子向上翻起，再放入一团芝麻馅，依旧捏成包子形状，捏紧包嘴，即成套包子生坯，放入笼中醒制。

2. 把醒好的生坯上蒸锅，蒸约10分钟，成熟后出笼即可。

各式卷子
GESHI JUANZI

一、实验目的

通过实验掌握各式卷子的成形方法。

二、成品标准

口感绵软，造型美观，既可食用，又能观赏。

三、实验准备

1. 原料：（每个品种一桌宴席12份量）

面粉300克、清水140克、白糖10克、干酵母3克、化猪油5克、芝麻油30克、各种色素、可可粉少许。

2. 器具：

菜刀、筷子、油刷、蒸锅、蒸笼等。

四、操作步骤

1. 面粉加入干酵母、白糖、化猪油、清水调团，分别加入各种色素和可可粉调成不同颜色的坯团，然后醒制。

2. 各种卷子的成形方法（见实例）。

3. 成熟：把醒好的生坯上蒸锅，蒸约8分钟，成熟后出笼即可。

五、操作关键

面团发酵的程度应掌握好，要求和象形包子类似。

六、品种拓展

在刷油的时候可以添加各种夹馅，从而提升制品的风味。

1. 寿字卷子

SHOUZI JUANZI

选择粉色面团，搓条下成30克1个的面剂，搓成长细条，如竹筷子粗细，执其一端，向内卷成圆盘状，然后用刀把圆盘对半切开，将这两半背对背放置，用筷子一双，在两腰处夹拢，最后用筷子将两端细条拨松，即成生坯，将生坯放入笼中醒制。

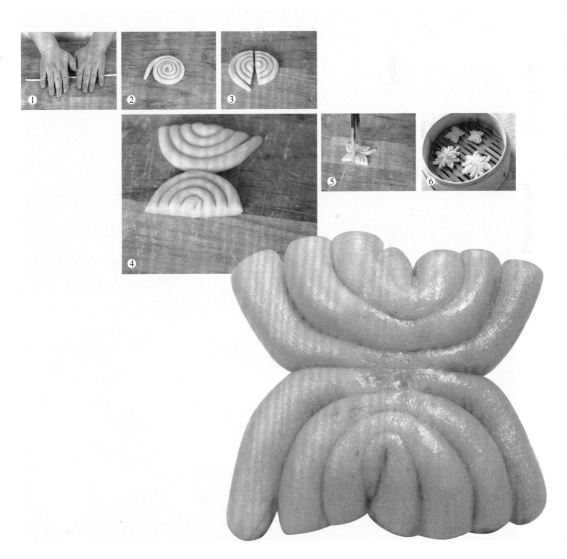

SIXI JUANZI

2. 四喜卷子

选择黄色、棕色面团，分别按扁擀成宽20厘米的长方形薄片，叠在一起，刷上芝麻油，用如意卷法卷成长条，长条连接处朝上，用刀两刀一断切成生坯，然后把生坯掰开成正方形，入笼中醒制。

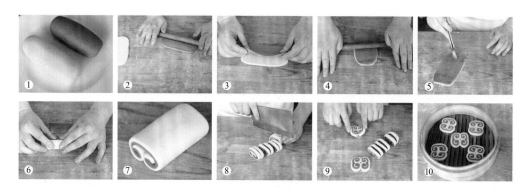

3. 蝴蝶卷子

选择粉色面团，搓条下成60克1个的面剂，搓成长细条，如竹筷子粗细，用如意卷法卷成两个背靠背的圆盘，连接处冒出，用筷子一双，在两腰处夹拢，用手指捏出翅尖，用刀切去冒出的尖头成触须，即成生坯，将生坯放入笼中醒制。

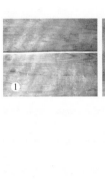

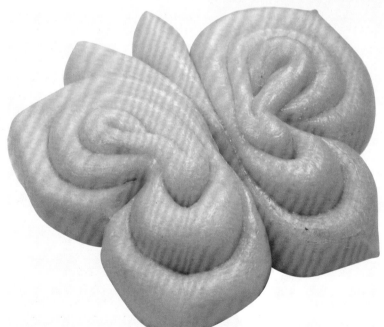

4. 菊花卷子

选择黄色面团，搓条下成60克1个的面剂，搓成长细条，比竹筷略细点，用鸳鸯卷法从两头向中间卷起，卷成两个相连的圆盘。取细头筷子一双，从两只圆盘的中间向里夹紧，夹成4只小圆盘，再用快刀将4只小圆盘一分为二，切至圆心，拨开卷层次，即成菊花形生坯，将生坯放入笼中醒制。

多式夹子

GESHI JIAZI

一、实验目的

通过实验掌握各式夹子的成形方法。

二、成品标准

成形独特，口感松、软。

三、实验准备

1. 原料（每个品种一桌宴席12份量）

面粉300克、清水140克、白糖10克、干酵母3克、化猪油5克、芝麻油30克、各种色素少许。

2. 器具

菜刀、刮板、油刷、蒸锅、蒸笼等。

四、操作步骤

1. 面粉加入干酵母、白糖、化猪油、清水调团，分别加入各种色素调成不同颜色的坯团，然后醒制。

2. 各种夹子的成形方法（见实例）。

3. 成熟：把醒好的生坯上蒸锅，蒸约8分钟，成熟后出笼即可。

五、操作关键

1. 面团发酵的程度应掌握好，要求和象形包子类似。

2. 每一种夹子的成形必须注意刷油的多少，过少会造成夹子层次粘连，过多会造成面皮浸油而发不起来。

六、品种拓展：

在刷油的时候可以添加各种夹馅，从而提升制品的风味。

①

②

③

④

TAO JIAZI

1. 桃夹子

选择黄色面团，搓条下成40克1个的面剂，将每只面剂按扁，用擀面杖擀成7厘米直径的中厚边薄的圆皮，把皮子的半边涂上芝麻油，对叠成半圆形，再用快刀在半圆的弧部斜切2刀，成2片叶子，用手将底部2只角捏拢捏紧即成生坯，将生坯放入笼中醒制。

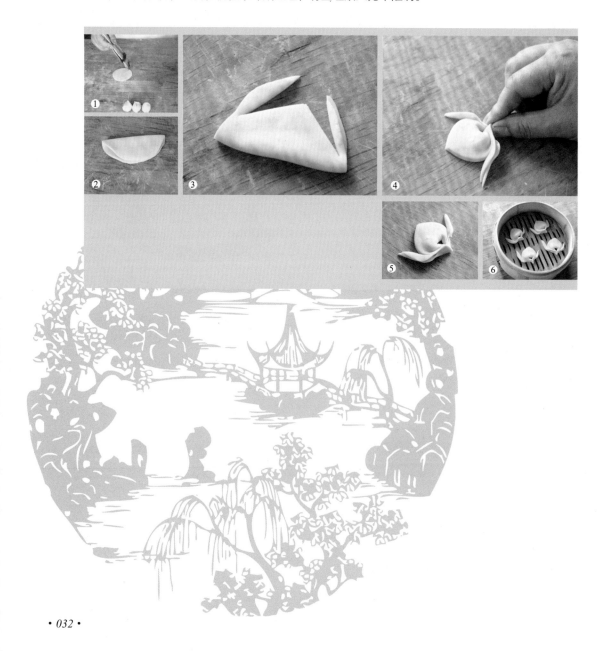

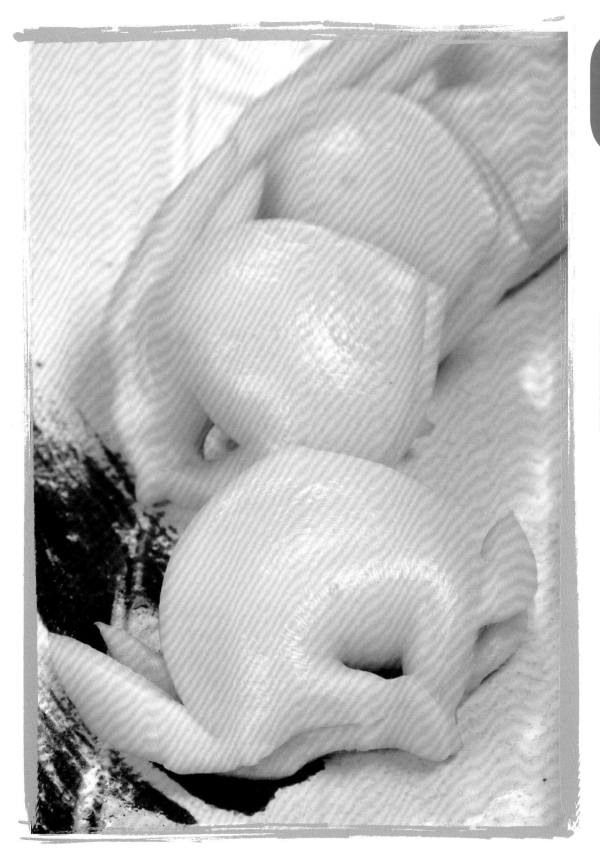

HUDIE JIAZI

2. 蝴蝶夹子

选择黄色面团，搓条下成40克1个的面剂，将每只面剂擀成直径7厘米的圆皮，在圆皮的半边涂上芝麻油，对折整齐，呈半圆形，左手的拇指和食指捏住半圆皮的圆心处，右手用刮板侧面在圆弧中间顶一下，再在两边相等距离的地方各顶一下，形成蝴蝶形。在手指捏处中间用刀开2个小缺，成蝴蝶触须，即成生坯，将生坯放入笼中醒制。

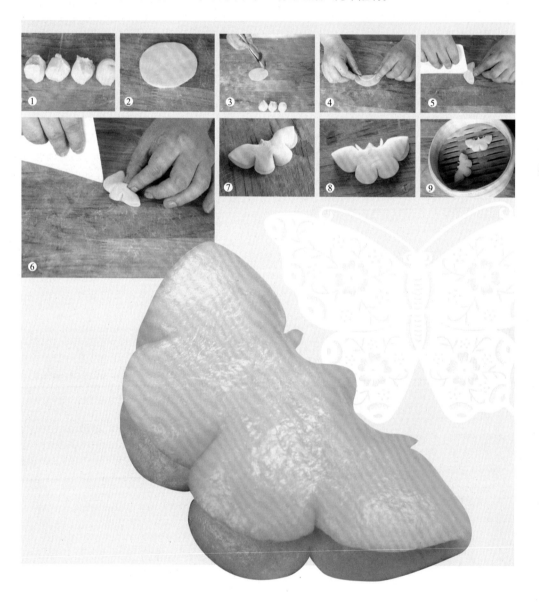

第二章

水调面团类品种

花式蒸饺
HUASHI ZHENGJIAO

淮扬面点中的花式蒸饺，其特点是体形小巧，造型别致、风味特殊，因而历来蜚声海外，深为中外食客所喜爱。

一、实验目的

通过实验掌握各式花式蒸饺的成形方法。

二、成品标准

造型多变，形态精巧，制作精细。

三、实验准备

1. 原料：（每个品种一桌宴席12份量）

面粉200克、猪绞肉150克、酱油5克、白糖15克、食盐5克、味精5克、芝麻油5克、葱姜末5克、胡萝卜50克、香菇50克、鸡蛋50克、青菜50克、温水100克。

2. 器具：

面挑、铜花钳、小剪、钢夹、镊子、蒸锅、蒸笼、馅挑等。

四、操作步骤

1. 面粉加入温水调成团，散热、醒制。

2. 将猪绞肉装入盆中，放入酱油、食盐、

白糖、葱姜末搅拌入味，然后加入少许清水，搅黏上劲，再放入味精、芝麻油搅拌均匀成馅。

3. 把胡萝卜、香菇、鸡蛋、青菜煮熟，鸡蛋分蛋黄蛋白，分别剁成细末备用。

4. 面团搓条、下剂，擀成直径6～8厘米的圆皮。

5. 各种花式蒸饺的成形方法（见实例）。

6. 成熟：蒸锅上蒸约6分钟即成熟。

五、操作关键

1. 每一种花式蒸饺的成形必须把握住所模仿事物的神和型的特点。

2. 注意成形动作之间的衔接。

六、品种拓展

可以改变馅心，从而提升制品的风味，不过最好改成易成团的馅，避免包制时难以成形。

① ② ③ ④ ⑤ ⑥ ⑦ ⑧

1. 眉毛饺

圆皮中间放入馅心，然后对叠将边子比齐，将1只角的顶端塞进一部分，再将结合处捏紧，捏扁，用手锁出绞形花边，即成生坯。

2. 鸳鸯饺

圆皮中间放入馅心，将皮子两边的中间部分对粘起，再将坯皮在手上转90°，先后把每端的两边对捏紧，成为鸟头鸟嘴，两边的中间各现出1个圆洞。用铜花钳把鸟嘴头、两边夹出花纹。再在鸟头的两边的空洞中分别放入胡萝卜末和蛋黄末，即成生坯。

GUANDING JIAO
3. 冠顶饺

圆皮的圆边分3等份向反面折叠，中间放入馅心，三边涂上水，将每边各自对叠起来，拢向中心，3条边对捏紧后，将反面的3等份圆皮翻出窝起，用手指搓出花边，即成生坯。

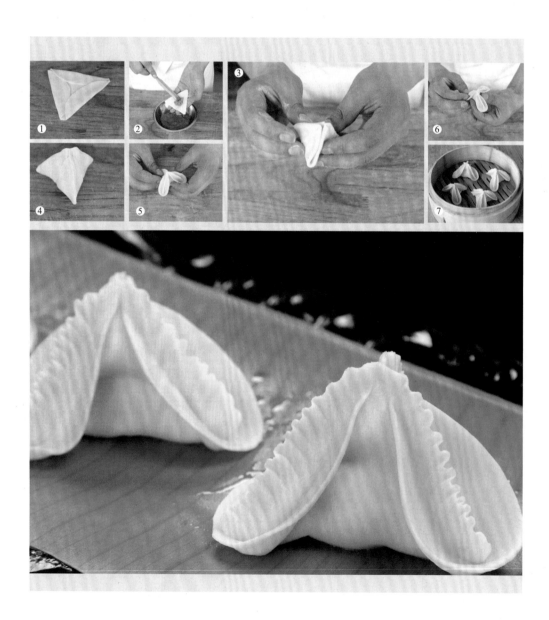

4. 鸽饺

圆皮两边对称折叠成长方形，然后把皮子翻过去，反面涂上水，中间放入馅心，将两条边各自对叠起来，顶端相连形成两个边。然后再将折叠过去的两圆边从下面翻出来，两个边一个做鸽尾，一个做鸽头，把翻出来的边棱用手指搓出花边，即为鸽子的两个翅膀，在鸽头点上芝麻做眼睛，即成生坯。

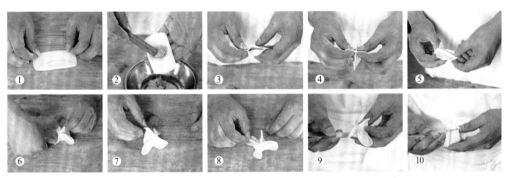

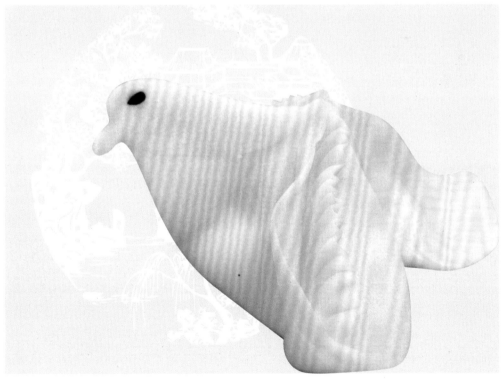

SIXI JIAO

5. 四喜饺

圆皮中间放入馅心,将圆皮边分成4等份向上拢起,形成4个洞,把相邻的两个边捏在一起,并把每个洞的顶端捏成角,每个洞内分别填入蛋黄末、蛋白末、胡萝卜末、青菜末,即成生坯。

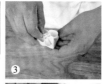

6. 兰花饺

　　圆皮中间放入馅心，将圆皮边分成4等份向上拢起，捏成四角形，然后在每条边上剪出2根条子，中心部分相连。将一边的上面一条与相邻边的下面一条的下端粘连起来，这样形成4个小斜孔。再将4只角的剩余部分的边上剪出边须，做成兰花叶。在4个斜孔里填进蛋黄末、蛋白末、胡萝卜末和香菇末，即成生坯。

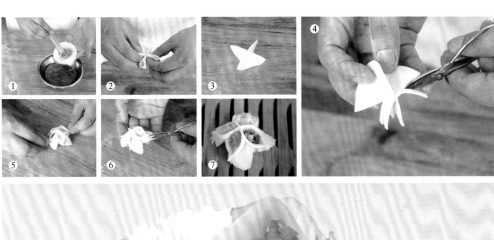

TAO JIAO

7. 桃饺

圆皮中间放入馅心，将圆皮的两边用水粘起一点，分成3／5为一边，2／5为另一边，将2／5的边捏合成两条对等的双边，将3／5的边从中间向粘接处粘起，成2个大孔。再将两个大孔相邻的两边粘起，在2个大孔的顶端处捏紧，形成桃尖。2条小边从上到下推出水波浪花边，纹路要对称，将两边的下端向上提起，用水粘在当中成2片桃叶。最后，在2个大孔中放入蛋黄末，即成桃饺生坯。

8. 白菜饺

　　圆皮中间放入馅心，将圆皮边分成5等份向上拢起，捏成五角形，然后再将每条边自上而下地推出水波浪花边，把每条边的下端提上来，粘在邻近一瓣菜叶的边上，即成白菜饺生坯。

9. 知了饺

　　圆皮两边斜角折叠成人字形，然后把皮子翻过去，反面涂上水，中间放入馅心，将两条边各自对叠起来，顶端相连形成1个孔洞。用镊子将圆孔的中段向里推进，粘起成2个小孔即为眼睛，然后再将折叠过去的两圆边从下面翻出来，用手指搓出花边，即为知了的两翅，将两翅微向后弯，将生坯站立放起，2个小孔中分别放上2颗豆沙球做眼珠，即为知了饺生坯。

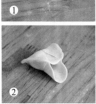

10. 草帽饺

CAOMAO JIAO

　　圆皮中间放入馅心，对叠成半圆形，将边叠齐捏紧。然后将半圆形饺子的两角向圆心处弯，使两角上下接头，将中心隆起的部分朝上做面，用手绞出绳状花边，平放于笼内即成生坯。

FEICUI SHAOMAI

翡翠烧卖

一、实验目的

通过实验掌握馅心的制作以及独特的成形方法。

二、成品标准

口味咸鲜回甜，有浓郁的青菜叶清香。

三、实验准备

1. 原料（两桌宴席24份量）

面粉300克、青菜叶500克、葱花5克、食盐8克、味精5克、白糖50克、化猪油50克、火腿肠50克、热水160克。

2. 器具

菜刀、馅挑、蒸锅、蒸笼等。

四、操作步骤

1. 制馅：青菜叶洗干净放在沸水中焯一下，沥干水分，用刀斩成细末，然后放在拌料缸中加入葱花、食盐、味精、白糖和化猪油拌匀，即成馅心，火腿肠剁细备用。

2. 调团制皮：调一团热水面团备用。搓成长圆条，再摘成剂子(每只重约15克)，擀成圆皮。

3. 成形：将圆皮放在左手掌心上，右手用馅挑挑入馅心，然后将皮子捏拢，并在齐腰处捏一把，把它捏细，最后在开口外将馅心摊平，并撒上点火腿肠末，即成翡翠烧卖生坯。

4. 成熟：将生坯直接排入笼格内，放在蒸锅上，用旺火蒸6分钟左右，见皮面呈玉白色时即可出笼装盘。

五、操作关键

1. 青菜叶要先去水分。

2. 面皮要薄，但不宜过大。

六、品种拓展

可以变换菜叶，但要注意不可选择质地太嫩、水分太重的菜叶。

翡翠烧卖色泽翠绿，宛如翡翠，故名。翡翠烧卖，因其外形美观，制作精细，历史悠久，而被誉为淮扬名点中的精品。

翡翠烧卖

口味咸鲜回甜

有浓郁的青菜叶清香

NUOMI SHAOMAI

糯米烧卖

一、实验目的

通过实验掌握馅心的制作以及独特的成形方法。

二、成品标准

皮薄馅多不漏馅，香糯肥软，油润可口。

三、实验准备

1. 原料（制30份量）

面粉400克、热水200克、糯米300克、猪肉100克、鲜香菇50克、葱姜末各3克、食盐5克、酱油30克、味精20克、白糖30克、化猪油10克、鲜汤200克。

2. 器具

菜刀、馅挑、蒸锅、蒸笼等。

四、操作步骤

1. 制馅：糯米加水上笼用旺火蒸熟。猪肉切细粒，鲜香菇切成颗粒，炒锅置火上，加入化猪油，待油烧热倒入肉粒，煸炒几下，加入鲜香菇颗粒、酱油、白糖、鲜汤、味精、葱姜末拌和，随即倒入蒸熟的热糯米饭，边炒边用勺拌，拌至汤汁被糯米饭吸干，即可起锅，装入盘中，即成糯米馅心（冷却后使用）。

2. 调团制皮：调一团热水面团备用。搓成长圆条，再摘成剂子(每只重约20克)，擀成圆皮。

3. 成形：将圆皮摊在左手心上，右手用馅挑挑入糯米馅心，然后将皮子捏拢，在齐腰处捏拢，在开口处将馅心刮平，即成糯米烧卖生坯。

4. 成熟：将烧卖生坯排入圆形笼格内，放在蒸锅上，用旺火蒸6分钟左右，见皮呈玉白色，即可出笼。

五、操作关键

1. 糯米要蒸透。

2. 炒料时注意加汤的量，太少易造成调料分布不均，太多馅易稀不易成团。

六、品种拓展

配料可以变化，使馅心口感有更多变化。

糯米烧卖是一年四季常见的风味小吃，俗话说得好："现蒸的包子鲜香，回笼的烧卖好吃"。

糯米烧卖

皮薄馅多不漏馅
香糯肥软
油润可口

JINYU SHAOMAI
金鱼烧卖

一、实验目的

通过实验掌握独特的成形方法。

二、成品标准

形似金鱼，造型美观，风味独特。

三、实验准备

1. 原料（两桌宴席24份量）

面粉300克、糯米烧卖馅500克、鸡蛋50克、香菇10克、热水150克。

2. 器具

菜刀、馅挑、剪刀、面挑、铜花钳、蒸锅、蒸笼等。

四、操作步骤

1. 制馅、调团、制皮同糯米烧卖。

2. 成形：鸡蛋打蛋液摊成蛋皮，把蛋皮剪成48个圆坯皮做金鱼眼睛用，再用蛋皮剪成24个椭圆形的圆坯做金鱼嘴，香菇剪成48个比蛋皮略小的圆坯，做鱼的眼珠。烧卖皮包入糯米烧卖馅后，包成糯米烧卖的形状，把颈项捏细，馅心推往下端使肚子鼓出，平放于案上，将收口部分(即圆边部分)铺平张开，呈尾巴状，然后在鼓肚前端两侧沾上蛋液，粘上圆蛋皮，即成眼睛，再把香菇圆坯沾上蛋液按在蛋皮的中间做眼珠，椭圆形的蛋皮沾上蛋液后按在烧卖前端做金鱼嘴，并用铜花钳在背上夹出一道背鳍来，这样就成了金鱼烧卖生坯。

3. 成熟：将生坯放入笼中，置于蒸锅上蒸6分钟左右，即熟。

五、操作关键

成形时注意金鱼身体和尾部的比例，还要注意身体的形状。

六、品种拓展

配料可以变化，使馅心口感有更多变化。

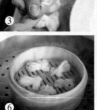

金鱼烧卖

形似金鱼

造型美观

风味独特

XIEHUANG TANGBAO

蟹黄汤包

🎩 一、实验目的

通过实验掌握独特的蟹油及汤汁馅心制作以及独特的成形方法。

🎩 二、成品标准

蟹油浮溢，色泽金黄，皮松卤多，鲜美异常。

🎩 三、实验准备

1. 原料（两桌宴席24份量）

面粉500克、膏蟹400克、猪肉250克、肉皮冻250克、葱姜各5克、黄酒10克、食盐10克、味精10克、白酱油25克、白糖30克、芝麻油5克、化猪油80克、花生油15克、清水240克。

2. 器具

菜刀、馅挑、擀扞、蒸锅、蒸笼等。

🎩 四、操作步骤

1. 制蟹油：葱洗净，切成段，姜去皮，切成薄片。膏蟹洗干净，氽熟取出。冷却后，取出蟹黄蟹肉剁细。炒锅置火上，加化猪油放入葱姜炒香捞出，将蟹黄肉末倒入锅内，用勺捣碎，熬至油色橙黄，加食盐、黄酒和味精，炒匀，熬至水分收干，即成蟹油。

2. 制馅：肉皮冻切成碎末。猪肉绞成肉末放入拌料缸中，加食盐、味精、白酱油、白糖和芝麻油，并分次加水拌匀，再加入肉皮冻拌

和，最后倒入蟹油，即成蟹黄肉馅。

3. 调团、制皮：调一团水调冷水软面团备用。然后在工作台板上涂上花生油，将面团放在上面，搓成细长圆条，揪成剂子，在剂子上刷上花生油并逐个擀成圆皮。

4. 成形：圆皮包入蟹黄肉馅，沿边捏褶18条，最后收口捏紧。

5. 成熟：将蟹黄包生坯排入笼内，放在蒸锅上蒸10分钟左右，见皮呈半透明，坯体明显下坐，即可出笼。

🎩 五、操作关键

1. 蟹油的制作时，注意火候。

2. 注意肉、皮冻、蟹油的比例。

🎩 六、品种拓展

可根据档次不同改变肉、皮冻、蟹油的比例，并添加其他鲜美的的食材。

淮安蟹黄汤包始于清道光午间，是用蟹黄、皮冻和猪肉为馅，薄面皮包裹，上笼蒸熟食用。因馅丰，卤汁多，滋味异常鲜美，闻名淮扬。每到秋季应市，因其特点突出，数十年来一直享誉中外，颇受欢迎。

蟹黄汤包

蟹油浮溢
色泽金黄
发松卤多
鲜美异常

DOUMIAO BING

豆苗饼

🍳 一、实验目的

通过实验掌握独特的豆苗馅心制作以及独特的成熟方法。

🍳 二、成品标准

外形小巧，口味咸鲜，皮脆馅嫩。

🍳 三、实验准备

1. 原料（两桌宴席24份量）

面粉300克、清水140克、嫩豌豆苗500克、猪肉150克、食盐5克、白糖10克、酱油20克、化猪油100克、味精5克、色拉油100克。

2. 器具

菜刀、馅挑、擀杖、平煎锅等。

🍳 四、操作步骤

1. 制馅：嫩豌豆苗焯水剁细挤干水分备用。将猪肉切细入炒锅炒香，放入少许酱油、白糖、食盐出锅，拌入豌豆苗泥，放化猪油、味精拌匀。

2. 调团、制皮：调一团水调冷水软面团备用，但不能过软，然后，搓条下剂，将剂子按扁擀成圆皮。

3. 成形：圆皮包入馅心，收口搓尖，摘掉一些，不能有疙瘩，将收口向下，按成圆饼。

4. 成熟：平锅上火，锅内放色拉油，将包好的圆饼逐个放入锅内，两面煎成金黄色，成熟即可。

🍳 五、操作关键

1. 豆苗要去掉水分，拌馅时注意比例。

2. 煎制时注意火候，不要煎糊。

🍳 六、品种拓展

改用其他有特点的菜蔬。

豆苗饼

外形小巧，口味咸鲜，发脆馅嫩。

扬州脆炒面

YANGZHOU CUICHAOMIAO

一、实验目的

通过实验掌握独特的成熟方法。

二、成品标准

香，脆，嫩，既能当大菜，又能当小吃，还可搭美酒。

三、实验准备

1. 原料（两桌宴席2份量）

机制湿面条250克、鲜虾仁80克、猪肉80克、冬笋60克、韭黄80克、胡萝卜80克、酱油30克、白糖30克、味精10克、芝麻油10克、鲜汤250克、淀粉50克、色拉油2 000克（炸用）。

2. 器具

菜刀、大漏勺、炒锅等。

四、操作步骤

1. 制浇头：猪肉、韭黄、胡萝卜、冬笋切成细丝。鲜虾仁扑淀粉入油锅中滑熟。炒锅上火，放入肉丝炒散开，再入韭黄丝、胡萝卜丝、冬笋丝炒香，加入鲜汤、酱油、白糖烧沸入味，倒入鲜虾仁，放进味精，起锅装入碗内。

2. 炸面条：色拉油倒入锅中，上火烧至6～7成热时，将机制湿面条下锅炸脆成金黄色起锅。

3. 收汁、装盘：将炸好的面条倒入炒锅中，将浇头的卤汁倒进锅内，大火收汁，卤汁吸尽后，装入盘内，盖上浇头，即可上桌食用。

五、操作关键

1. 浇头的卤汁量要够。

2. 面条的炸制要注意油温，既要颜色金黄，又要口感酥脆。

3. 加卤汁收汁入味时，注意用汁量，太少不入味，太多会使面条回软。

六、品种拓展

如果面条不是下锅炸，而是上笼蒸熟后用油拌，再下锅焐透放卤汁起锅，即为软炒面。

扬州脆炒面

香，脆，嫩

既能当大菜

又能当小吃

还可搭美泛

第三章

油酥面团类品种

JIYU SU

鲫鱼酥

一、实验目的

通过实验掌握包酥开酥的制作以及独特的成形方法。

二、成品标准

形似鲫鱼，做工精巧。

三、实验准备

1. 原料（一桌宴席12份量）

面粉300克、清水90克、豆沙馅180克、化猪油80克、红色素少许。

2. 器具

剪刀、弧形钢夹、铜花钳、面挑、快刀、烤箱等。

四、操作步骤

1. 调团、制皮：面粉与化猪油擦成干油酥，面粉与化猪油、清水揉成水油面。采用大包酥擀卷法开酥，卷成圆条，用快刀切成剂子，将剂子横截面朝下，按扁擀成圆皮。

2. 成形：豆沙馅搓成橄榄形剂子，把圆皮酥纹清晰的一面做面子，放入馅心，对叠起来，塞进一角，捏成眉毛形。在眉毛形尾部捏出鱼尾形，用小剪刀剪一小叉，用铜花钳夹出鱼尾纹。以塞进一角的一端作鱼头，在离头1/5处，用弧形钢夹蘸红色素水印出一道半圆形印痕成鱼鳃，再用面挑蘸红色素水在鱼鳃的前面点出眼睛。用小剪刀在鱼身剪出鱼鳞，鲫鱼酥生坯即成。

3. 成熟：生坯装入烤盘中，入150℃的烤箱烤20分钟即熟。

五、操作关键

1. 注意干油酥和水油面的软硬度。

2. 成形时注意头身的比例。

六、品种拓展

馅心可随客人要求变化，成熟方法可改为炸制，但成形效果较差。

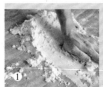

鲫鱼酥

形似鲫鱼

做工精巧

蝴蝶酥

HUDIE SU

一、实验目的

通过实验掌握包酥开酥的制作以及独特的成形方法。

二、成品标准

色泽鲜艳，形似蝴蝶，酥松香甜。

三、实验准备

1. 原料（两桌宴席24份量）

面粉600克、清水100克、黄油150克、鸡蛋50克、白糖50克、黑芝麻、红色素少许。

2. 器具

尖头筷、面挑、快刀、烤箱等。

四、操作步骤

1. 调团、制皮：面粉与黄油擦成干油酥，入冰箱冷藏。面粉加鸡蛋、白糖、清水揉成水面。将干油酥包入长方形水面中，通过2～3次擀叠成厚薄均匀的长方形薄片。用快刀将薄片四周切齐，在表面刷上红色素水，再卷成长圆筒状（直径约3厘米）。取刀将圆筒切成厚约0.5厘米的面片。

2. 成形：将面片的切面朝上，平放在案板上，每2片靠在一起，在圆片的2／3处，用尖头筷把两只面片向中间夹牢，用手指捏出翼尖，使之成为两大两小的蝶翼。在触须处用面挑各粘一颗黑芝麻作为眼睛。

3. 成熟：生坯装入烤盘中，入160℃的烤箱烤15分钟即熟。

五、操作关键

卷筒时要卷紧，避免成熟时散开。

六、品种拓展

颜色和装饰可以变化。

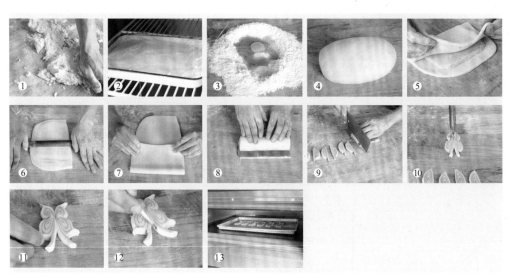

蝴蝶酥

色泽鲜艳，形似蝴蝶，酥松香甜。

LANHUA SU

兰花酥

一、实验目的

通过实验掌握包酥开酥的制作以及独特的成形方法。

二、成品标准

酥层分开，层层薄如纸，形似兰花。

三、实验准备

1. 原料（一桌宴席12份量）

面粉750克、清水220克、化猪油160克、白糖50克、绿色素、红色素各少许、色拉油2 000克（炸用）。

2. 器具

快刀、擀面杖、牙签、炸锅等。

四、操作步骤

1. 调团：面粉与化猪油擦成干油酥，面粉与化猪油、清水揉成水油面并加绿色素染成淡绿色。

2. 制皮、成形：将干油酥包入长方形水油面中，通过2～3次擀叠成厚薄均匀的长方形薄片。用快刀切成6厘米见方的方形酥皮。用快刀将酥皮的3个角沿对角线从顶端向交叉点切进2／3，将另1个角切成令牌状。将切开角的

2个对角的上边窝起来，用水粘牢。再把下面1只角的左右2条边依次提上来，在顶端涂水，和上面的2条边粘起，最后在粘结处插上牙签固定，即成兰花酥生坯。

3. 成熟、装饰：色拉油倒入锅中，上火待油温升至3成热时，放入生坯。炸至酥层放开，不停地舀油浇入花坯中心，熟后捞起，抽去牙签，在花中心放些白糖加红色素调的胭脂糖装盘即可。

五、操作关键

1. 开酥时注意酥层厚度，不要擀得过薄，以免花瓣破碎。

2. 一定要用快刀切制，避免刀口酥纹粘连。

3. 炸制时一定要控制好火候和油温，避免花瓣散不开。

六、品种拓展

通过不同的切制成形方法，可以做出其他花形。

兰花酥

酥层分开，层层薄如纸，形似兰花。

PANXIANG SU

盘香酥

一、实验目的

通过实验掌握包酥开酥的制作以及独特的成形方法。

二、成品标准

香酥爽口，咸鲜葱香，酥中有脆。

三、实验准备

1. 原料（制20份量）

面粉400克、沸水180克、化猪油100克、香葱10克、火腿肠50克、芝麻油50克、味精10克、食盐6克、色拉油250克（煎炸用）。

2. 器具

快刀、擀面杖、平底锅等。

四、操作步骤

1. 制馅：将香葱、火腿肠分别切碎，加入食盐、味精、芝麻油拌匀成馅。

2. 调团、制皮：面粉与化猪油擦成干油酥，面粉加入化猪油和沸水，搅拌均匀，揉透，成沸水油面。将干油酥包入长方形沸水油面中，通过2～3次擀叠成厚薄均匀的20厘米宽长方形薄片。

3. 成形：薄片用刷子刷上芝麻油，并均匀地铺上馅心，由里向外卷起，卷成圆筒状，卷紧，用刀切成薄片。

4. 成熟：平底锅上火，加入少许色拉油，待油温升至五成热时，把生坯放入锅中煎制，边煎边翻身，煎至两面呈金黄色时，再加入少许色拉油接着炸制，成熟即可起锅。

五、操作关键

1. 卷的时候要卷紧，避免成熟时酥层散开。

2. 成熟时应先煎定型不然易散。

六、品种拓展

夹馅可以随客人要求和季节变化而改变。

盘香酥

香酥爽口
咸鲜葱香
酥中有脆

HUANGQIAO SHAOBING

黄桥烧饼

🧑‍🍳 一、实验目的：

通过实验掌握独特的面皮及包酥开酥的制作。

🧑‍🍳 二、成品标准：

饼色嫩黄，外层酥脆，一触即落，内层绵软，酥松不腻。

🧑‍🍳 三、实验准备：

1. 原料（制10份量）

面粉500克、化猪油300克、生猪板油200克、白芝麻70克、饴糖50克、酵面600克、食碱5克、葱花50克、食盐6克、沸水170克。

2. 器具

菜刀、擀面杖、软刷、烤箱等。

🧑‍🍳 四、操作步骤：

1. 调团：面粉与化猪油擦成干油酥，将1/3份面粉烫熟，和2/3份酵面拌和兑食碱，调成烫酵面，揉匀揉透后醒制。

2. 制馅：干油酥加入食盐、葱花拌成干油酥馅；生猪板油撕去皮膜，去筋，切小丁，加入食盐、葱花拌成生板油馅心。

3. 成形：烫酵面搓成粗条下剂，用手按扁，包入干油酥，用小包酥开酥的擀卷法，擀成暗酥面皮，包入生板油馅、干油酥馅，捏拢

收口后再擀成椭圆形，先将饴糖放入碗内，加入热水，调和成饴糖水，随后用软刷在饼面上刷上一层饴糖水，将饼覆于盛装了白芝麻的盘中，沾满白芝麻便成烧饼生坯。

4. 成熟：生坯放烤盘入烤箱烤制，烤制炉温为200℃，时间25分钟即成。

🧑‍🍳 五、操作关键：

1. 面皮的比例要注意。

2. 由于是酵面，在开酥时注意酥层厚度。

🧑‍🍳 六、品种拓展：

烧饼馅心可改为蟹黄、水晶、葱油渣、干菜、肉松等多种，使其能迎合各种不同口味消费者的喜爱。

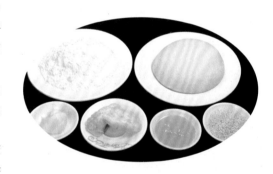

1940年，新四军东进抗日，陈毅率部队进驻黄桥镇，发动了闻名中外的黄桥战役。当地老百姓在黄桥赶制了大量美味烧饼送到作战部队手中，极大地鼓舞了士气，为黄桥大捷立下了不朽功勋，从而使黄桥烧饼驰誉四方。

黄桥烧饼

饼色嫩黄
外层酥脆
一触即落
肉层绵软
酥松不腻

第四章

米粉面团类品种

YUHUASHI TANGYUAN

雨花石汤圆

一、实验目的

通过实验掌握独特的成形方法。

二、成品标准

色彩绚丽，晶莹圆润，香甜可口。

三、实验准备

1. 原料（两桌宴席24份量）

糯米粉200克、澄粉50克、沸水220克、豆沙馅240克、可可粉10克、吉士粉10克。

2. 器具

擀面杖、煮锅、玻璃碗等。

四、操作步骤

1. 调团：将糯米粉、澄粉加沸水烫成白色面团，分别取1/4加可可粉和吉士粉调成咖啡色和黄色面团。

2. 成形：将豆沙馅搓成小球备用。将三色面团分别擀成面皮，叠在一起，擀开，切断再叠，搓成长条，切成小剂，按扁，包入豆沙馅心，搓成雨花石汤圆生坯。

3. 成熟、装碗：煮锅内加清水烧沸，下入汤圆生坯，煮熟，盛入装有白开水的玻璃碗中，即成。

五、操作关键

1. 有色面团的比例要注意。

2. 堆叠次数最多3次，以免乱色。

六、品种拓展

颜色可以变化。

雨花石汤圆

色彩绚丽
晶莹圆润
香甜可口

南京有著名的雨花台，那里有很多非常好看的雨花石，南京的小吃师父为了把这一南京的旅游特色拓展开来，特地研制出了这一道小吃。

BAISONG GAO

白松糕

🍳 一、实验目的

通过实验掌握松质粉团的调制以及独特的成形方法。

🍳 二、成品标准

多孔、松软，形态精巧。

🍳 三、实验准备

1. 原料（制10份量）

糯米粉100克、籼米粉200克、白糖100克、清水100克。

2. 器具

不锈钢盆、松糕模具、蒸笼、蒸锅、细筛等。

🍳 四、操作步骤

1. 调团：将清水与米粉、白糖拌和成不粘结成块的松散粉粒状，静置一段时间。

2. 成形：将醒制好的湿粉团过筛，然后用模具做出松糕生坯。

3. 成熟：生坯放入笼中，上蒸锅蒸制8～10分钟，成熟即可。

🍳 五、操作关键

1. 在拌粉时应掌握好掺水量。

2. 拌和后还要静置一段时间，目的是让米粉充分吸水。

🍳 六、品种拓展

可以加入黄糖变成黄松糕。

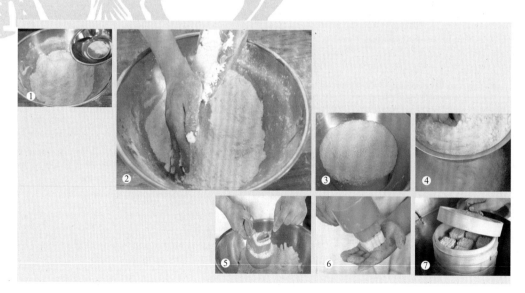

白松糕　多孔、松软，形态精巧。

NIANGAO

年糕

一、实验目的

通过实验掌握粘质粉团的调制。

二、成品标准

韧性大，黏性足，入口软糯。

三、实验准备

1. 原料（制20份量）

糯米粉400克、白糖100克、清水220克。

2. 器具

快刀、搪瓷方盘、蒸笼、蒸锅等。

四、操作步骤

1. 调团：将清水与糯米粉、白糖拌和，调成较稀的坯团，装入搪瓷方盘中。

2. 成熟：将搪瓷方盘入蒸笼中，上蒸锅把坯团蒸制成熟。

3. 成团：再趁热揉匀揉透成团块，放入方形盒中入冰箱冷藏。

4. 切坯：把冷却变硬的熟坯团取出，切成片。

5. 食用：食用时，回蒸热、炸制、炒制等都可。

五、操作关键

1. 在拌粉调团时应掌握好掺水量。

2. 拌和后还要静置一段时间，目的是让米粉充分吸水。

3. 揉熟坯团时一定要揉透。

六、品种拓展

可以染色，或用模具做成各种造型的年糕。

年糕
韧性大
黏性足
入口软糯

第五章

其它面团类品种

ZAONI LAGAO

枣泥拉糕

一、实验目的

通过实验掌握枣泥的调制。

二、成品标准

枣香扑鼻，软糯肥甜。

三、实验准备

1. 原料（一桌宴席12份量）

糯米粉200克、粳米粉150克、红枣200克、化猪油50克、白糖50克、朱古力彩针少许。

2. 器具

漏筛、梅花盏、软刷、蒸笼、蒸锅等。

四、操作步骤

1. 制枣泥：红枣去核，浸泡30分钟，去水入笼中蒸软，用漏筛取泥，炒锅置火上，放入化猪油将枣泥炒香，出锅备用。

2. 调团：糯米粉、粳米粉倒入盆中，加入白糖、枣泥调成糊状团。

3. 成形：梅花盏用软刷刷上油，把调好的团装入。

4. 成熟：将梅花盏放入笼中，上蒸锅蒸15分钟，出笼，把熟坯小心从模具取出，花形朝上，撒上少许朱古力彩针装饰即成。

五、操作关键

1. 红枣要蒸透才能尽量多地取出枣泥。

2. 炒枣泥要注意火候，不能炒糊了，影响风味。

3. 调团要注意干稀度，不然会影响成品口感。

六、品种拓展

坯团内可加入干果、蜜饯改善口感。

枣泥拉糕

枣香朴鼻，软糯肥甜。

广东
点心
GUANGDONG
DIANXIN

第一部分

基础理论

第一章

广东点心概述

广东点心，简称粤点，就是指在餐前或闲暇时候所食用，只是点点心意，不用吃饱的食物；也可单独作为正餐食用的各种食物。广东点心主要以广东早茶的特殊食用形式而广为流传，享誉海外。它们是指以各种粮食（米、麦、杂粮等）及粉料为皮坯原料，以蔬菜、肉类、鱼类、虾蟹、水果等为馅料，配上油、糖、蛋、乳等辅助原料，通过一定手法制作而成的各种面食、米食、小吃。

广东点心是我国南部沿海地区所做的面点品种，以广州为代表。众所周知，广州是一座拥有2 800多年文化的历史古城，是珠江流域及南部沿海地区政治、经济、文化的交流中心，因而面点制作自成一格，富有南国风味。据史料记载，在唐宋时期，广州就是世界大型海港之一，相互来往经商的人很多，随之也传来了国内外的饮食习惯、制作技巧。广东点心师们在不断实践和广泛交流中日益成熟，创造了品种繁多、口味鲜美、形色俱佳的各类点心，在国内外享有盛誉，"食在广州"便是对广东美食的赞誉。

珠江流域及南部沿海地区属于亚热带地区，气候温和、特产丰富，可供制作点心的原料很多，丰富的原料为广东点心的制作提供了物质基础。长期以来，广东点心精工细作，制作工艺考究，调味以甜、咸、鲜为主，成品讲究清、鲜、嫩、爽、滑等质感。广东菜肴多以香、酥、肥、浓等冠以美名，广东点心也如菜肴一样，制品讲究美名，其多数都以五字命名，朗朗上口。广东点心在不同地区有不同的特色，如珠江三角洲的点心以选料精博、品种新颖、变化多样而著称；潮汕点心以海产品、甜食而著称。

广东点心的相关著作不少，早期如明末清初屈大均的《广东新语》就有专门记载广东点心的制作文章，阐述了多种点心的制作方法、成形及成熟方法。到了近代，记载点心制作的书籍就更是不胜枚举了，如1991年广东科技出版社出版的《广东点心精选》、1994年出版的《粤点制作技术》、2002年出版的《巧做点心》等，对广东点心的各个品种制作技法进行了详细讲解，为广东点心制作技术的发展起到了推波助澜的作用。

改革开放以后，随着国内外交往日益频繁，文化交流日益活跃，广东点心汲取了京式面点、苏式面点、四川小吃以及西式糕点等制作技巧的精华，运用先进的制作工艺，丰富的原材料，结合当地的食风食俗，完成了一次飞跃。到如今，广东点心已形成了如下的技术特点：

一、选料精细，品种繁多

珠江流域及南部沿海地区地处岭南，地域广阔，有山区、有平川、有海岛、有内陆，气候温和、雨量充沛，适合多种动、植物生长，加上交通发达，因而为广东点心的制作提供了丰富的原料，加上点心师傅们的妙手巧作，许多普通原料也能制作出精美的点心，因而广东点心的品种繁多。据粗略统计，广东点心皮坯有4大类，23种之多；馅心有3大类，47种之多。通过坯皮、馅心等变化，能制作的点心数量达2千多种，具有代表性的品种有叉烧包、虾饺、粉果、糯米鸡、干蒸卖、水晶饼、奶黄包、肠粉、蛋塔、马蹄糕、伦教糕、千层酥、小凤饼、餐包、广式月饼，等等。由此可见，广东点心的品种丰富多彩，发展势头迅猛。

二、讲究馅心，制作精细

广东点心不管从选料上，还是制作上都很讲究。广东点心之所以让食客品尝后连声叫绝，很大原因是在于选料上，尤其是馅心原料的精挑细选，馅心用料包括肉类、海鲜、水果、杂粮、蔬菜、菌笋和各种干果等，擅用荸荠、鸡蛋、奶油、薯类及鱼虾等制作馅心。广东点心最有特色的馅心如叉烧肉馅、虾饺馅、奶黄馅、粉果馅等；广东点心的制作技法多样，造型精美，以讲究形态、花色、色彩著称。此外，广东点心制作工艺的考究程度是值得一提的。如煲粥，米选什么米，怎么处理，怎么下米，什么时候用什么火，煲多久，各环节都有具体的要求，各细节都非常注重，更不用说制品皮馅比例的要求，花纹的要求，形态的要求。由此不难发现，广东点心的制作非常讲究，造型美观，富有南方特色。

三、口味清淡，重糖重油

广东地处亚热带，气候较热，饮食习俗重清淡。广东人擅长制作米及米粉类制品，除各式糕类、粽子外，还有煎堆、米花、肠粉、粉果、炒米粉等外地罕见的品种。广东点心的坯料变化多样，善用油、糖、蛋、乳等原料改变坯皮的性质，获得良好的质感效果。如叉烧包、奶黄包、马拉糕等制品在制作中都加入较多的白糖、猪油、奶油等，使制品吃口松软，油润香甜。可见，广东点心讲究口味清淡，皮料中有多重糖。

第二章

广东点心的常用原料

广东地处岭南，濒临南海，雨量充沛，物产丰富，为广东点心的制作奠定了坚实的物质基础。广东点心制作对原料的选择非常讲究，特别是一些特色原料是广东独有的，而其他地域所不具备的。在此给大家介绍一下广东点心常用的原料。

一、皮坯原料

1. 澄粉

澄粉又叫澄面、汀粉，是小麦制成的的纯淀粉，由面粉深加工而得。澄粉色泽洁白、粉质细滑，主要特点是与水加热后呈半透明、软滑带爽，是广东点心的常用皮坯原料。如虾饺皮、粉果皮、水晶皮等都是用澄粉制作的。

2. 生粉

生粉就是各种淀粉，是广东的惯性叫法，生粉多由各种豆类、薯类等加工而成。目前市面上的生粉很多，有太白粉、玉米淀粉、木薯淀粉、绿豆淀粉、番薯淀粉等。生粉经过加热后黏性和韧性极强，在广东点心坯团调制中起增加韧性的作用。如晶饼坯团、肠粉坯团、虾饺坯团的调制都要用生粉。

3. 粟粉

粟粉又称玉米面、玉米粉、玉蜀粉等，是由玉米去皮后磨制而成的，一般来说，白色的玉米品种黏性较好，其特点是粉质细滑、色泽洁白，并透着微黄，吸水性较强，加热糊化后易于凝结，完全冷却时变成爽滑、无韧性、略有弹性的凝固体。广东点心制馅、调坯团会用到粟粉。

4. 马蹄粉

马蹄粉是用马蹄加工而成的，粉粒粗、赤白色，吸水量极大，约为1∶6，与水加热后呈透明，爽滑嫩脆，广东点心常用于制作马蹄糕、拉皮卷等。

5. 糕粉

糕粉又称加工粉、潮州粉，是用熟糯米加工而成，粉粒松散、色泽洁白，吸水量大，加水即黏结成有韧性的面团。广东点心常用于制作馅心，如月饼馅、酥饼馅，亦可作皮，如冰皮、月饼皮。

6. 糯米粉

糯米粉是由纯糯米加工而得，加工成熟后黏而软滑、带有筋性，广东点心常用来制作咸水角、软饼皮、软卷皮、年宵、煎堆皮等。

7. 粘米粉

粘米粉又叫大米粉或籼米粉，是以大米为原料磨制而成的。其发酵力强，宜制作糕点及炒米饼。

二、馅心原料

1. 芋头

芋头又称芋艿，有圆形、椭圆性、圆筒形几种，其表皮色呈黄褐色或黑棕色，内心呈白色或奶白色中带红丝，淀粉含量多，其中槟榔芋较有名，产地以荔浦为佳，可作馅作皮。味甘辛，性凉，有消病散热等功效。

2. 冬菇

冬菇属菌类植物，是蘑菇的一种。冬菇质地嫩滑香甜，美味可口。根据产地和气候，分为香菇、花菇、北菇、西菇和滨菇等。冬菇含有丰富的蛋白质和多种人体必需的微量元素。广东点心多用其制作馅心，如粉果馅、香菇生肉包馅、虾饺馅等。

3. 冬笋

冬笋是竹笋中的一种，立秋前后由楠竹的地下茎侧芽发育而成的笋芽，因尚未出土，笋质幼嫩，味鲜美爽脆，是一种非常好的烹饪食材。冬笋既可以生炒，又可以炖汤，广东点心常用其制作馅心。

4. 黄油

黄油又称奶油，白脱油，是从牛乳中分离加工而成的纯净脂肪，呈浅黄色固体，具有奶香味，含丰富的蛋白质和卵磷脂，具有很强的亲水性，乳化性，营养价值高，能增强面团的可塑性，成品的松酥性。广东点心多用于制馅和调坯团，如奶黄馅、各式酥皮面团等。

5. 饴糖

饴糖又叫米稀或麦芽糖浆，可用谷物为料，利用淀粉酶或大麦芽，把淀粉水解为糊精而制得。它色泽微黄透明，能代替蔗糖调味制馅，也可用作作抗晶剂、着色剂。

三、添加剂

1. 增稠剂

增稠剂可以增进点心粘稠度，延缓制品老化，增大体积，增加蛋白膏光泽、防止糖重结晶，提高蛋白质点心的保鲜期。增稠剂有琼脂、明胶、海藻酸钠、果胶、羧甲纤维素钠（钙）、阿拉伯胶、变性淀粉等。

2. 枧水

枧水是由木柴灰或香蕉头、茎经过加工复制而成。它是一种微黄色液体，潺滑、性凉带温和，具碱性，力度比纯碱约小1/3，有涩味，吸湿作用亚于纯碱，属植物碱，气味香，用途和纯碱大致相同。

3. 食粉

食粉是广东人的惯性叫法，又称小苏打，分子式$NHCO_3$，是一种白色结晶性粉末，在加热作用下或遇酸会产生二氧化碳（CO_2），水溶液中它呈弱碱性，溶于水不溶于乙醇。

4. 臭粉

臭粉是化学膨大剂的其中一种，分子式为NH_4HCO_3，是一种白色粉状结晶，有氨味，多与食粉配合使用，具有使面团松软、降筋、增白的作用。

第三章

广东点心部的分工与管理

广东点心的点心部岗位划分很多，也很明确，主要分为主案、副案、拌馅岗、案板岗、煎炒岗、炕饼岗、熟笼岗、推销岗。

1. 主案

主案通常为点心部主管，要求具有过硬的专业理论知识和精湛的操作技能，能熟练制作出各式中西美点。在管理方面，应具有组织、协调、安排本部门所有工作的能力，能够根据季节变化，供货情况，经常变换点心品种，能够合理地安排各种点心的生产量，抓好出品质量和成本核算，能够根据情况培训员工，提高各岗位员工的技术水平，具有全面管理点心部和协调内外部各岗位工作的能力。

2. 副案

副案即点心部副主管，是主案的助手，其职能次于主案。要求具有一定的专业理论知识，能协助主管做好本部门的生产和管理工作，能根据不同季节开出相应点心菜单。熟悉各种点心制作的主要原理，能熟练地制作中西式点心，能合理控制成本，协助主管做好技术骨干人员的培养工作。

3. 拌馅岗

拌馅岗是负责原料切配及拌制馅料的岗位，要求熟悉原料的性能、用途、加工处理方法；能够合理地使用原料制作多种馅料；能根据时令变化馅心原料；能管理好肉类，干、湿性原料的存放；懂得主、辅料的再加工和余料的处理方法；能协助主案做好部门管理工作，能作好食品卫生、环境卫生，消防安全等工作。

4. 案板岗

案板岗是用于点心制作的成形加工，且达到出品质量要求的岗位。要求能熟悉各坯团的调制方法；能够熟练运用各种成形技法塑造点心形态；能够做好成品的保温和保管工作；能做好食品卫生、环境卫生、消防安全工作；能协助主案做好部门的管理工作。

5. 煎炸岗

煎炸岗是出品岗，即将成形好的生坯煎炸至达到出品质量要求的岗位。要求能熟悉各种点心煎炸的技术和技巧；能够作好成品的保温和保管工作；能指挥和安排推销岗推销产品；能做好食品卫生、环境卫生、消防安全等工作。

6. 熟笼岗

熟笼岗是出品岗，即将成形好的半成品用蒸的方法至熟的加工岗位。要求能熟悉蒸灶的性能及制品要求；能配备各式美点的外加芡汁；能指挥和安排推销岗推销产品；能做好食品卫生、环境卫生、消防安全工作。

7. 推销岗

推销岗顾名思义就是负责销售工作的岗位。要求该岗人员应具有点心制作和供应规律等方面的知识；能够及时准确地供应点心；具有良好的表达能力，能积极主动，热情礼貌地推销点心；能做好点心的保温和保管工作，搞好食品、用具、环境以及个人的清洁工作。

第二部分

品种实训

第一章

淀粉类面团品种

BAOPI XIANXIAJIAO

薄皮鲜虾饺

🍵 一、实训目的

通过实训了解澄粉面团的面性，掌握虾饺馅的制作及虾饺的成形技法。

🍵 二、成品标准

形似弯梳，皮半透明，馅心色泽透红、爽滑鲜嫩。

🍵 三、实训准备

1. 原料（制50份量）

(1) 皮料：澄粉500克、生粉100克、粟粉20克、化猪油30克、食盐6克、沸水850克。

(2) 馅料：鲜虾仁600克、猪瘦肉200克、湿冬菇80克、熟笋尖200克、胡椒粉1克、食粉3克。

(3) 调料：食盐20克、味精3克、芝麻油15克、白糖20克、生粉10克、化猪油80克。

2. 器具

菜刀、拍皮刀、蒸笼、蒸锅。

🍵 四、操作步骤

1. 鲜虾仁加食盐、食粉腌制30分钟，再用清水冲洗干净，直至虾仁不粘手，没有碱味，捞起用毛巾吸干水分，再改刀切成大丁。

2. 猪瘦肉和湿冬菇分别切成小粒；熟笋尖切成细丝，用清水漂洗后滤干；鲜虾仁丁与猪瘦肉粒放入盆内，加入食盐、少量的清水，搅打均匀至起胶，再加入白糖、味精、芝麻油、胡椒粉、化猪油和匀，最后加入熟笋丝、湿冬菇粒、生粉拌匀，并用芝麻油包尾即为馅心。

3. 澄粉、粟粉一起过筛，装入盆内，加入食盐和沸水将粉烫熟烫透，随即倒在案板上揉匀，加入生粉揉匀，最后加入化猪油揉匀待用。

4.、将面团下剂，用拍皮刀拍成2寸大小的薄圆皮，包入馅心，捏成弯梳形，放入蒸笼内，上蒸锅蒸5～6分钟即成。

五、操作关键

1. 虾仁一定要新鲜，码食粉后一定要冲干净，水一定要吸干。

2. 包馅要均匀，不能破底，漏馅。

3. 蒸的时间不能太长。

六、品种拓展

调制面团时可以果蔬汁水代替清水，使成品具有浓郁的果蔬香味，颜色更鲜艳，营养更丰富。

虾饺是广东地区具有代表性的名点，历久不衰。上乘的虾饺，皮白如冰，薄如纸，半透明，肉馅隐约可见，吃起来爽滑清鲜，美味诱人。

薄皮鲜虾饺
形似弯梳
发半透明
馅心色泽透红
爽滑鲜嫩

CHAOZHOU ZHENGFENGUO

潮州蒸粉果

🍳 一、实训目的

通过实训了解粉果皮的面性，掌握粉果馅的制作及粉果的成形技法。

🍳 二、成品标准

形态美观，皮透明，质地滑爽，馅松散，味鲜美。

🍳 三、实验准备

1. 原料（制50份量）

(1) 皮料：澄粉450克、生粉50克、食盐3克、化猪油8克、沸水600克。

(2) 馅料：鲜虾仁200克、鲜贝200克、猪瘦肉100克、熟花仁75克、葱头50克、猪肥肉30克、香菇30克、味精10克、胡椒粉8克、芝麻油15克、白糖8克、食盐8克、生粉8克、食粉2克。

2. 器具

菜刀、拍皮刀、蒸笼、蒸锅。

🍳 四、操作步骤

1. 将澄粉、生粉、食盐和匀，加入沸水将粉团烫熟，揉透揉匀，加入化猪油揉滑即为粉团。

2. 猪肥肉煮熟和猪瘦肉、香菇切粒，葱头切粒。虾仁加食粉码2小时，然后用水冲洗干净，用毛巾吸干水分，加入鲜贝、瘦肉粒拌匀，边拌边加食盐和清水，让馅心充分吸入水分，然后加入熟肥肉粒、香菇粒、熟花仁、白糖、胡椒粉、葱粒、味精等拌匀，最后加入生粉拌匀，用芝麻油包尾即成馅心。

3. 将熟粉团下剂，拍成中间厚边子薄的圆皮，包入馅心，捏成鸡冠形，放入蒸笼内，上蒸锅蒸约7分钟左右即成。

🍳 五、操作关键

1. 调制粉团控制好沸水量，皮的熟度和软硬度适宜。

2. 制馅时把握好各原料的比例，馅心色白，松散。

🍳 六、品种拓展

调制粉团时可加入吉士粉、浓缩橙汁将粉团调成黄色，成品更美观。

潮州蒸粉果

形态美观，色透明，质地滑爽，馅松散，味鲜美。

LIANRONG SHUIJINGBING

莲蓉水晶饼

🧑‍🍳 一、实训目的

通过实验了解晶饼皮的面性，及蒸制的成熟方法。

🧑‍🍳 二、成品标准

晶莹透亮，香甜爽滑。

🧑‍🍳 三、实训准备

1. 原料（制50份量）

(1) 皮料：澄粉500克、生粉100克、白糖350克、化猪油40克、沸水700克。

(2) 馅心：莲蓉馅800克。

2. 器具

不锈钢盆、晶饼模具、蒸笼、蒸锅。

🧑‍🍳 四、操作步骤

1. 澄粉、生粉入盆拌匀，加入沸水，迅速搅拌均匀，加盖焖1分钟，趁热揉匀，加入白糖擦化擦透，最后加入化猪油揉光滑即成坯团。

2. 将坯团和莲蓉馅各分成50份，用皮包上馅收紧封口，扑上少量生粉，放入晶饼模具中，用力压紧压实，扣出，上笼蒸透即成。

🧑‍🍳 五、操作关键

1. 坯团要烫透，要揉均匀，包馅要趁热。

2. 成形时用力必须均匀，使其饼形完整，边角浮突。

3. 蒸时用旺火，蒸6～7分钟至熟透即可。

🧑‍🍳 六、品种拓展

可将莲蓉馅换成各式果味馅心，做成果味水晶饼。

① ② ③ ④ ⑤ ⑥

水晶饼也叫晶饼，是传统的广东点心。皮薄如水晶，晶莹通透，与馅心的颜色双映生辉，是一种极具特色的甜味点心。

莲蓉水晶饼

晶莹透亮，香甜爽滑。

JISHI NAIHUANGJIAO

吉士奶黄角

一、实训目的

通过实训掌握奶黄馅的制作方法。

二、成品标准

色泽黄而透明，馅心正中，甜香爽口。

三、实训准备

1. 原料（制50份量）

晶饼皮1 000克、吉士粉100克、椰丝500克（实耗75克）、鸡蛋350克、白糖500克、黄油120克、澄粉300克、粟粉100克、鲜牛奶500克、热水100克。

2. 器具

不锈钢盆、蒸笼、蒸锅。

四、操作步骤

1. 白糖、澄粉、粟粉入盆和匀，加入鸡蛋，边加边搅拌，再加入热水拌匀后加入黄油、鲜牛奶和吉士粉搅拌均匀呈稀糊状。

2. 将拌好的稀糊上笼蒸熟，边蒸边搅拌，每3分钟搅拌一次，蒸35分钟至熟透后为止即为奶黄馅。

3. 将晶饼皮加吉士粉60克擦揉均匀，包入奶黄馅，捏成角形，放入已刷油的蒸格上，上蒸锅蒸约5分钟，然后取出趁热粘上椰丝即成。

五、操作关键

1. 包馅要包严，以防漏馅，形状要美观，角形要自然。

2. 粘椰丝时要趁热，否则冷后沾不均匀。

六、品种拓展

制品表面粘的椰丝可换成杏仁碎或瓜子仁，香味更佳。

吉士奶黄角

色泽黄而透明

馅心正中

甜香爽口

第二章

米及米粉类面团品种

ANXIA XIANSHUIJIAO

安虾咸水角

一、实训目的

通过实训了解糯米粉皮的性质，掌握咸水角馅的制作方法及其操作要领。

二、成品标准

色泽金黄，外皮酥脆，起珍珠泡，具有家乡风味。

三、实训准备

1. 原料（制50份量）

（1）皮料：糯米粉500克、澄粉120克、化猪油125克、白糖100克、臭粉1克、沸水350克。

（2）馅料：猪肉250克、虾米50克、韭黄20克、马蹄100克、湿冬菇20克、胡萝卜20克。

（3）调料：食盐10克、白糖15克、味精8克、生抽8克、胡椒粉2克、五香粉3克、料酒15克、马蹄粉30克、清水150克、色拉油2 000克（炒、炸用）。

2. 器具

菜刀、漏勺、炸锅。

四、操作步骤

1. 糯米粉、澄粉拌和均匀，加入白糖、化猪油、臭粉，再加入沸水于粉团中，烫成粉团，搓揉均匀待用。

2. 猪肉、湿冬菇、胡萝卜和马蹄分别切成小粒；虾米发透后剁细；马蹄粉加水调成粉浆待用。

3. 猪肉用马蹄粉浆拌匀；锅中加入色拉油热至120℃，放入猪肉粒滑熟起锅。另用少量色拉油将虾米炒香，加入料酒、马蹄肉、湿冬菇、胡萝卜、猪肉粒、清水以及食盐、白糖、味精、生抽、胡椒粉、五香粉炒匀，用马蹄粉浆勾芡，加入色拉油包尾起锅，冷后加韭黄粒拌和均匀即成馅心。

4. 将烫熟后的粉团下成剂子，包入馅心，捏成角形，用160℃的油温将其炸熟即成。

五、操作关键

1. 烫粉时粉要和匀，控制好沸水量，粉要烫透。

2. 勾芡时水、油不能太多，注意芡汁的浓稠度。

3. 炸时油温要准确。

六、品种拓展

调制面团时可加入咸蛋黄，炸后外皮更酥香；也可改变馅料配方，加鲜贝、冬笋等原料做成其他味点心。

咸水角是广东、香港和澳门地区常见的点心。成品外酥脆，内软糯咸鲜，深受广大食客的青睐。

安虾咸水角

色泽金黄
外发酥脆
起珍珠泡
具有家乡风味

YESI NUOMICI

椰丝糯米糍

一、实训目的

通过实训了解糯米粉皮的面性，及糯米糍的制作方法和操作要领。

二、成品标准

皮色洁白，椰香浓郁，皮软滑有韧性，香甜不黏牙。

三、实训准备

1. 原料（制50份量）

(1)皮料：糯米粉500克、澄粉120克、化猪油125克、白糖100克、沸水350克。

(2)馅料：椰丝120克、莲蓉馅500克。

2. 器具

不锈钢盆、蒸笼、蒸锅等。

四、操作步骤

1. 糯米粉、澄粉拌和均匀，加入白糖、化猪油，再加入沸水于粉团中，烫成粉团，搓揉均匀即为粉团。

2. 将粉团和莲蓉馅各分成50份，用皮包入馅心，包成球形，摆放在已刷油的蒸笼内。

3. 上蒸锅将生坯蒸5～6分钟，成熟后趁热放入椰丝中，粘满椰丝，摆于碟中即成。

五、操作关键

1. 糯米粉皮软硬要适度，包馅时收口要收好。

2. 蒸软糍时，时间不能太长，否则水分太多，影响造型。

3. 粘椰丝时一定要趁热，椰丝要新鲜。

六、品种拓展

调制粉团时可用各种水果汁，使成品风味更佳。

糯米糍是广东茶餐厅不可缺少的一种点心，是老年食客的最爱。成品造型美观，吃口软糯香甜。

椰丝糯米糍

发色洁白，椰香浓郁，发软滑有韧性，香甜不粘牙。

XIANGMA ZHA RUANZAO

香麻炸软枣

一、实训目的

通过实训了解糯米粉皮的面性，掌握品种的制作方法及操作要领。

二、成品标准

色泽金黄、枣形美观，外脆内软滑，香甜可口。

三、实训准备

1. 原料（制50份量）

(1)皮料：糯米粉500克、澄粉120克、化猪油125克、白糖100克、沸水350克。

(2)馅料：莲蓉馅400克、脱壳芝麻200克、色拉油2 000克（炸用）。

2. 器具

不锈钢盆、漏勺、炸锅。

四、操作步骤

1. 糯米粉、澄粉拌和均匀，加入白糖、化猪油，再加入沸水于粉团中，烫成粉团，搓揉均匀即为粉团。

2. 将粉团和莲蓉馅各分为50份，用粉团皮包入馅心，捏成枣形成为软坯。

3. 将软坯放入清水中浸一下，迅速捞出放入脱壳芝麻中，均匀粘满芝麻并搓紧即为生坯。

4. 锅内加色拉油烧热至110℃，放入生坯浸炸至浮面，再升温至180℃，将枣坯炸至金黄成熟即成。

五、操作关键

1. 粘芝麻要搓揉均匀，粘紧。

2. 炸枣时，浸的时间要够，翻动要均匀。

六、品种拓展

调制面团时可加入橘皮颗粒，使制品成熟后带有橘皮的清香味，吃口更佳。

香麻炸软枣

色泽金黄

枣形美观

外脆肉软滑

香甜可口

荷香糯米鸡

HEXIANG NUOMIJI

一、实训目的

通过实训掌握糯米鸡的制作方法及其制作要领。

二、成品标准

造型美观，软糯鲜香，荷香浓郁。

三、实训准备

1. 原料（制50份量）

糯米1 000克、鸡腿肉300克、猪肥瘦肉150克、香菇200克、冬笋100克、咸蛋黄150克、白糖50克、化猪油40克、食盐20克、味精3克、芝麻油15克、鲜汤300克、水淀粉80克、干荷叶3张。

2. 器具

菜刀、蒸笼、蒸锅。

四、操作步骤

1. 先将糯米洗净后加入适量的清水上笼蒸20分钟成熟米饭；香菇取一半切成米粒大小的颗粒，加入白糖、化猪油和熟米饭拌匀即为糯米饭团。

2. 锅置火上加入鲜汤烧沸，加食盐和味精调味，用水淀粉勾浓芡，加入芝麻油收尾起锅即为芡汁；鸡腿肉、猪肥瘦肉入锅煮熟，起锅冷后切成大丁；冬笋、香菇改刀切成大丁，再加入芡汁拌匀即为馅心；咸蛋黄上笼蒸12分钟取出改刀成大丁。

3. 荷叶铺在案板上，装入糯米饭团，放入馅心和咸蛋黄丁，再盖上糯米饭团，包成方形放入蒸笼内蒸10分钟即可。

五、操作关键

1. 蒸糯米饭时控制好加水量，米饭不宜蒸得过软。

2. 制馅时注意各原料的比例，勾芡汁时注意浓稠度。

3. 包制成形时一定要将荷叶和饭团包捏紧，否则成品易散开。

六、品种拓展

此品种制馅时可加入鲜贝、虾仁等海鲜原料，使成品口味更鲜美。

糯米鸡是广东传统名点，也是粤式饮茶必备的点心，一直深受食客的欢迎，是长盛不衰的传统点心。成品软糯鲜香，具有较浓郁的荷叶香气，营养丰富。

荷香糯米鸡

造型美观，软糯鲜香，荷香浓郁。

第三章

水调类面团品种

JINGDU GUOTIEJIAO
京都锅贴饺

🍳 一、实训目的

通过实训掌握韭菜肉馅的制作及锅贴饺的成形、成熟方法。

🍳 二、成品标准

造型美观，外酥香，内细嫩，鲜美可口。

🍳 三、实训准备

1. 原料（制50份量）

面粉400克、热水200克、鸡蛋150克、食盐15克、猪绞肉300克、韭菜500克、冬笋100克、色拉油75克、味精10克、胡椒粉5克。

2. 器具

菜刀、擀面杖、蒸笼、蒸锅、平底煎锅。

🍳 四、操作步骤

1. 韭菜洗净晾干水分切碎，冬笋切粒。猪绞肉加食盐、味精、胡椒粉和清水搅拌，再加入切细的韭菜、冬笋粒和色拉油拌匀即成馅心。

2. 面粉过筛，放入加有3克食盐的热水中迅速烫匀，再加入鸡蛋一同揉匀至光滑，静置15分钟后，下剂擀成圆皮。

3. 用皮包上馅，捏成饺形，上笼蒸至刚熟，取出入平底锅煎至饺底金黄即可，食用时可上醋碟。

🍳 五、操作关键

1. 面团软硬要适度，面团不能存放太久。

2. 蒸的时间不能太久，否则易变形，口感不好。

3. 煎制时控制好火候。

🍳 六、品种拓展

煎制时可洒入稀淀粉浆，使饺底形成渔网，造型更美观。

京都锅贴饺

造型美观，外酥香，肉细嫩，鲜美可口。

BIYU GANZHENGMAI

碧玉干蒸卖

一、实训目的

通过实训了解冷水面皮的面性，掌握干蒸卖的制作方法及操作要领。

二、成品标准

皮爽有韧性，不脱馅，味道鲜美多汁。

三、实训准备

1. 原料（制50份量）

（1）皮料：面粉500克、鸡蛋150克、清水120克、生粉150克、食盐4克。

（2）馅料：猪瘦肉335克、猪肥肉125克、鲜青豆100克、鲜虾仁250克、湿冬菇40克、食粉2克。

（3）调料：胡椒粉1.5克、食盐10克、生抽7.5克、味精10克、芝麻油 7.5克 、化猪油40克、白糖15克。

2. 器具

菜刀、擀面棒、蒸笼、蒸锅。

四、操作步骤

1. 猪瘦肉切成小丁，猪肥肉煮熟切成细粒；鲜虾仁用食粉、食盐腌约15分钟，用清水冲洗干净、吸干水分改刀切成小颗粒，湿冬菇切粒待用。

2. 猪瘦肉丁、虾肉放入盆内，加入食盐搅打至起胶，加味精、白糖、生抽、芝麻油、胡椒粉拌匀，再放入熟肥肉粒、冬菇粒稍拌，最后加入生粉、化猪油拌匀即成烧卖馅。

3. 面粉过筛，加入鸡蛋、清水、食盐反复调揉成光滑的面团，饧面15分钟，将面团出条下剂，用生粉作扑粉，用擀面棒推擀成直径2寸大小的圆烧卖皮。

4. 用烧卖皮包入馅心，捏成"瓶塞形"烧卖坯，放入蒸笼内，顶部放上青豆，并轻按一下使其粘牢，然后用旺火蒸至成熟即成。

五、操作关键

1. 瘦猪肉要不带筋络，虾肉要新鲜。

2. 青豆要新鲜碧绿，摆放要在正中。

六、品种拓展

烧麦顶部可用鱼籽代替青豆点缀，做成鱼籽烧麦。

碧玉干蒸卖

软爽有韧性，不脱馅，味道鲜美多汁。

SHANGTANG XIAN SHUIJIAO

上汤鲜水饺

一、实训目的

通过实训掌握上汤鲜水饺的制作方法及其制作要领。

二、成品标准

造型美观，皮滑爽，馅细嫩，汤鲜美。

三、实训准备

1. 原料（制50份量）

面粉350克、清水100克、鸡蛋50克、猪肥瘦肉200克、香菇80克、冬笋80克、食盐4克、老抽8克、味精1克、胡椒粉0.5克、芝麻油10克、鲜汤1 200克。

2. 器具

菜刀、擀面棒、蒸笼、蒸锅。

四、操作步骤

1. 将面粉加入鸡蛋和清水反复揉成光滑的硬面团，盖上湿毛巾静置待用。

2. 将猪肥瘦肉、香菇和冬笋分别改刀切成小丁；先将猪肉丁加食盐、胡椒粉、老抽和味精顺一方向搅打至上劲，再放入香菇丁和冬笋丁拌匀，最后加芝麻油收尾即为馅心。

3. 将静置好的面团用擀面棒擀成厚约2～3毫米的薄面皮，再用刀切成8厘米见方的方形面皮，装上馅心，捏成类似鸡冠形状，放入刷油的蒸笼内蒸10分钟，取出将其装入碗内，灌上鲜汤即可。

五、操作关键

1. 调制面团时控制好加水量，面团要偏硬。

2. 制馅时注意各原料的比例。

3. 成品要蒸熟后才能灌汤，味道才鲜美。

六、品种拓展

此品种调制面团时可用蔬菜汁代替清水，使面团颜色更鲜艳，营养价值更高。

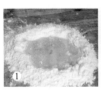
①

②

③

④

⑤

⑥

⑦

⑧

上汤水饺是3百多年前广州中山四路的一间叫"福来居"的面馆首创。它取北方水饺和南方云吞两者之长，融为一体，具有浓厚的南方风味，长盛不衰。欧成记的上汤鲜虾水饺皮薄、肉馅丰满，吃时配以面条，鲜美爽滑，十分可口。1994年在广州市美食节中获得"金牌小食"的称号。

上汤鲜虾水饺

造型美观，爽滑爽，馅软嫩，汤鲜美。

广式小笼包

GUANGSHI XIAOLONGBAO

🍳 一、实训目的

通过实训了解广式小笼包馅心及包子的制作方法和操作要领。

🍳 二、成品标准

面坯有弹性，馅爽滑多汁，味鲜美。

🍳 三、实训准备

1. 原料（制50份量）

低筋粉300克、高筋粉60克、清水80克、猪绞肉400克、皮冻200克、鸡蛋100克、食盐8克、老抽12克、味精2克、胡椒粉1克、色拉油25克。

2. 器具

菜刀、擀面棒、蒸笼、蒸锅。

🍳 四、操作步骤

1. 将低筋粉、高筋粉和匀过筛，倒在案板上，加入鸡蛋清和清水，搓揉均匀调制成光滑的软面团待用。

2. 将猪绞肉加入食盐、味精、老抽、胡椒

粉搅打入味起胶后，放入切碎的皮冻粒拌匀，最后用色拉油包尾即为馅心。

3. 将静置后的面团揉匀搓条下剂，用擀面棒擀成薄圆皮，包入馅心，包成鸟笼形，放在蒸笼内，上蒸锅蒸熟即成。

🍳 五、操作关键

1. 要掌握面粉的配制比例，掺入不同的粉很重要。

2. 制馅注意各原料的比例，尤其控制好皮冻的加入量。

🍳 六、品种拓展

制馅时可加入鲜马蹄颗粒，使成品吃口更清脆爽口。

广式小笼包

面坯有弹性，馅爽滑多汁，味鲜美。

第四章

发酵类面团品种

MIZHI CHASHAOBAO

蜜汁叉烧包

一、实训目的

通过实训了解发酵面团的面性,掌握叉烧馅的制作方法及叉烧包的制作要领。

二、成品标准

色泽洁白,绵软有弹性,馅鲜美爽滑。

三、实训准备

1. 原料（制50份量）

(1)皮料:老面500克、面粉200克、澄粉50克、白糖100克、泡打粉20克、臭粉3克、化猪油15克。

(2)馅料:叉烧肉500克、生抽400克、味精15克、耗油20克、姜30克、葱30克、洋葱30克、鲜汤500克、水淀粉100克、色拉油100克。

2. 器具

菜刀、刮刀、蒸笼、蒸锅。

四、操作步骤

1. 将面粉和澄粉掺和均匀,与老面、泡打粉、白糖、臭粉和猪油一起放入和面机中搅拌至白糖完全融化,面团光滑细腻,让其饧发。

2. 炒锅置火上加入少许色拉油烧热,放入姜、葱和洋葱炒香,掺入鲜汤,加生抽、味精、耗油调好味,去掉姜葱渣,用水淀粉勾浓芡即成叉烧芡汁;将叉烧肉用刀切成0.5厘米见

方的肉丁,再与叉烧芡汁拌匀即为叉烧馅。

3. 将饧发好的面团放入压面机压制光滑,然后搓条下剂,擀成中间略厚的圆皮,包入叉烧馅捏成包子状,垫上包底纸装入笼内,待其松筋后上蒸锅蒸12分钟即可。

五、操作关键

1. 调制面团时控制好老面、面粉和澄粉的比例,面团一定要反复揉压均匀。

2. 制馅时注意叉烧芡汁各调味料的比例,勾芡时注意浓稠度,拌馅控制好肉与芡汁的比例。

六、品种拓展

制馅时可将猪肉换成牛肉、羊肉等,做成牛肉叉烧包、羊肉叉烧包。

蜜汁叉烧包

色泽洁白，绵软有弹性，馅鲜美爽滑。

叉烧包是广东具有代表性的点心之一，是粤式早茶的"四大天王"（虾饺、干蒸卖、叉烧包、蛋挞）之一。造型美观，好似朵朵盛开的棉花，馅鲜美爽滑。

MIZHI NAIHUANGBAO

秘制奶黄包

一、实训目的

通过实训了解发酵面团的面性，掌握奶黄馅的制作及制作要领。

二、成品标准

皮白心黄，色泽鲜艳，柔软香滑，奶香浓郁。

三、实训准备

1. 原料（制50份量）

（1）皮料：低筋粉500克、高筋粉100克、清水300克、澄粉50克、干酵母6克、泡打粉4克、化猪油30克、白糖50克。

（2）馅料：鸡蛋500克、白糖500克、黄油150克、粟粉150克、鲜牛奶500ml、香精少许。

2. 器具

不锈钢盆、蒸笼、蒸锅。

四、操作步骤

1. 将低筋粉、高筋粉、澄粉和泡打粉和匀过筛，倒在案板上，放入白糖、化猪油和清水，用手搅至白糖完全融化后，放入用温水培养的酵母和匀成团，搓揉均匀静置发酵。

2. 将白糖、粟粉入盆混合均匀，逐一加入鸡蛋搅匀，再加入鲜牛奶、香精、黄油和少量的热水搅拌均匀成浆糊。

3. 将拌和均匀的浆糊上笼蒸制，每3分钟搅拌一次，蒸35分钟，出笼冷却后即为奶黄馅。

4. 将发酵好的面团反复搓揉光滑下成剂子，再将其擀成圆皮，包上奶黄馅收紧封口捏成圆球体，底部垫上包底纸，放入刷油的蒸笼内，让其松筋后上蒸锅蒸约15分钟即成。

五、操作关键

1. 调制面团时注意各原料的比例，控制好发酵的时间。

2. 奶黄馅蒸制时搅动的次数要掌握均匀，防止淀粉沉淀起硬颗粒。

3. 包馅时收口要好，以免馅心不正中，影响成品美观。

六、品种拓展

奶黄馅制作时可加入少许咸蛋黄，使成品口感带沙感，风味更佳。

①

②

③

④

⑤

⑥

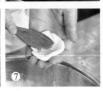
⑦

⑧

奶黄包，也叫奶皇包，是一种很传统的广式甜点，成品表面洁白光滑，内细滑柔软。广东人喜欢喝早茶的时候点上一笼，配上沏好的香片，慢慢品味奶黄馅浓郁的奶香和细腻绵滑的滋味。

秘制奶黄包

发白心黄
色泽鲜艳
柔软香滑
奶香浓郁

XIANGGU SHENGROU BAO

香菇生肉包

🍳 一、实训目的

通过实训掌握香菇生肉包馅心及包子的制作方法和操作要领。

🍳 二、成品标准

色洁白，绵软有弹性，馅爽滑有汁，味鲜美。

🍳 三、实训准备

1. 原料（制50份量）

低筋粉500克、高筋粉100克、澄粉80克、清水300克、白糖150克、泡打粉5克、干酵母7克、白醋5克、化猪油25克、猪肉500克、冬笋100克、香菇150克、鸡蛋50克、食盐15克、味精3克、胡椒粉2克、色拉油25克、生粉15克。

2. 器具

菜刀、不锈钢盆、蒸笼、蒸锅。

🍳 四、操作步骤

1. 低筋粉、高筋粉、澄粉、泡打粉混合均匀过筛，倒在案板上，加入白糖、白醋、化猪油和清水，用手将其乳化，至白糖完全擦化时，放入用温水培养的干酵母，和匀成团，搓揉均匀。

2. 猪肉、冬笋、香菇切丝。将猪肉丝加食盐、清水，分次搅打入味起胶后，放入香菇丝、笋丝、鸡蛋、味精、胡椒粉等调料，最后用生粉拌匀，用色拉油包尾即为馅心。

3. 将揉好的面团静置，让其自然发酵，发好后下成小剂子，包入香菇馅，捏成鸟笼形，放在蒸格上，让其松筋，然后上蒸锅蒸熟即成。

🍳 五、操作关键

1. 掌握面粉的配制比例，掺入不同的粉很重要，要求制品松泡绵软。

2. 掌握好发酵的温度及湿度，控制好发酵时间。

🍳 六、品种拓展

馅心制作时可加入少许的虾皮，使成品营养更丰富。

香菇生肉包

色洁白

绵软有弹性

馅爽滑有汁

味鲜美

FENGWEI LACHANGJUAN

风味腊肠卷

一、实训目的

通过实训了解发酵面团的面性，掌握腊肠卷的制作方法及操作要领。

二、成品标准

色泽洁白，造型美观，腊味突出。

三、实训准备

1. 原料（制50份量）

面粉500克、清水240克、白糖50克、泡打粉4克、干酵母6克、化猪油20克、腊肠800克。

2. 器具

菜刀、蒸笼、蒸锅。

四、操作步骤

1. 将面粉和泡打粉和匀过筛，倒在案板上，放入白糖、化猪油和清水，用手将其乳化，至白糖完全擦化后，加入用温水培养的干酵母和匀成团，搓揉均匀静置发酵。

2. 将腊肠上笼蒸15分钟，取出冷后切成柳叶条形待用。

3. 将发酵好的面团下成剂子，用手搓成长条，并将其均匀地卷在腊肠条上呈绳索状，放在蒸格上，让其松筋，然后上蒸锅蒸12分钟即可。

五、操作关键

1. 腊肠要上笼蒸熟后才改刀切成柳叶条状。

2. 掌握好发酵的温度及湿度，控制好发酵时间。

六、品种拓展

调制面团时可以果蔬汁水代替清水和面调成彩色的面团，使成品颜色更鲜艳，营养更丰富。

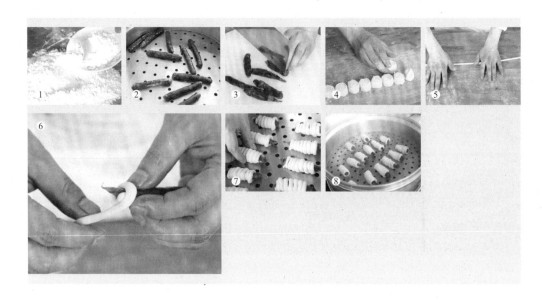

风味腊肠卷

色泽洁白，造型美观，腊味突出。

FENGWEI SUJIANBAO
风味素煎包

一、实训目的

通过实训了解发酵面团的面性，掌握素煎包馅心及包子的制作方法和操作要领。

二、成品标准

色泽金黄，外酥内软，馅鲜美清香。

三、实训准备

1. 原料（制50份量）

面粉500克、清水250克、澄粉50克、干酵母6克、泡打粉4克、白糖50克、冬笋400克、香菇100克、金针菇100克、食盐20克、味精1克、胡椒粉1克、色拉油30克、生粉20克。

2. 器具

菜刀、不锈钢盆、蒸笼、蒸锅、平底锅。

四、操作步骤

1. 将面粉、澄粉和泡打粉和匀过筛，倒在案板上，放入白糖和清水，用手搅至白糖完全融化后，放入用温水培养的干酵母和匀成团，搓揉均匀静置发酵。

2. 冬笋、香菇分别切成细丝，金针菇切成节，加食盐、味精、胡椒粉拌匀，最后用生粉拌匀，用色拉油包尾即为馅心。

3. 将静置发酵好的面团下成剂子，包入馅心，捏成鸟笼形，放在蒸格上，让其松筋，然后上蒸锅蒸12分钟即熟。

4. 平底锅加入少许色拉油烧热，放入成熟的包子将其两面煎成金黄色即可。

五、操作关键

1. 注意冬笋、香菇和金针菇的切配规格。

2. 掌握好发酵的温度及湿度，控制好发酵时间。

3. 煎制时控制好火候。

六、品种拓展

煎制时可加入稀淀粉浆，让包底形成渔网，造型更美观。

风味素煎包

色泽金黄，外酥内软，馅鲜美清香。

ZHIMA MAIXIANG BAO

芝麻麦香包

一、实训目的

通过实训掌握全麦粉调制面团的比例，以及麦香包的制作方法。

二、成品标准

光滑绵软，富有弹性，馅心芝麻香气四溢。

三、实训准备

1. 原料（制50份量）

（1）皮料：全麦面粉150克、低筋粉300克、高筋粉50克、粟粉50克、清水250克、干酵母7克、泡打粉5克、白糖100克。

（2）馅料：黑芝麻馅900克。

2. 器具

擀面杖、蒸笼、蒸锅。

四、操作步骤

1. 将全麦面粉、高筋粉、低筋粉和粟粉掺混均匀，加入干酵母、泡打粉、白糖和清水调制成光滑的软面团发酵待用。

2. 将发好的面团下剂，并用擀面棒擀成中间略厚的圆皮，放入黑芝麻馅，收紧封口包捏成圆球体，垫上包底纸放入蒸笼内，静置5分钟，上蒸锅蒸熟即成。

五、操作关键

1. 面粉和全麦面粉的比例要恰当，面皮软硬适度。

2. 包馅时收口处不能粘上馅料，否则影响表面美观。

3. 一定要垫上包底纸。

六、品种拓展

调制面团时可用青稞粉代替全麦粉，做成青稞包。

芝麻麦香包

光滑绵软，富有弹性，馅心芝麻香气四溢。

第五章

油酥类面团品种

SUXIANG LIULIANSU

酥香榴莲酥

一、实训目的

通过实训了解油酥面团的面性，掌握酥点的起酥方法及榴莲酥的成形方法。

二、成品标准

色泽金黄，酥香化渣，榴莲风味浓郁。

三、实训准备

1. 原料（制50份量）

低筋粉1 000克、高筋粉120克、清水200克、白糖150克、鸡蛋150克、黄油250克、化猪油350克、鲜榴莲800克、韭菜150克（或海苔4张）、色拉油2 000克（炸用）。

2. 器具

擀面杖、菜刀、方盘、炸锅。

四、操作步骤

1. 先将低筋粉、高筋粉、白糖、鸡蛋和化猪油加入清水调制成光滑的酥皮面团，擀成厚约1厘米的面块，放入垫有保鲜膜的方盘，盖上保鲜膜入冰箱冷却；再将低筋粉、化猪油和黄油反复擦搓均匀成酥心，擀成与酥皮同样的块入冰箱冷却待用。

2. 将鲜榴莲去掉外壳，取果肉用手捏碎，去掉果肉中的筋和籽即成馅心。

3. 待酥皮面团和酥心面团静置冷却好后取出，将酥皮面团翻扣在案板上，盖上酥心面团用擀面棒擀薄，对叠再擀薄，然后一叠三，再擀薄，再一叠三擀薄，用刀切成宽6～8厘米的面块，表面刷上蛋清，再重叠成长方体状，包上保鲜膜入冰箱冷却；韭菜叶入沸水锅焯水至变软起锅用冷水漂冷待用。

4. 待酥皮冷却后取出用刀斜切成薄片，用擀面棒顺酥层擀薄，装入榴莲馅，卷成圆筒，两端用韭菜叶系上即为生坯。

5. 锅内加色拉油烧至90℃，放入生坯炸制酥层清晰，再升温炸至酥层变硬，色泽金黄即可。

五、操作关键

1. 调制酥皮面团和酥心面团时注意各原料的比例。

2. 开酥用力要均匀，叠酥皮时一定要刷上一层蛋清，避免酥层脱落。

3. 炸制时控制好油温。

六、品种拓展

此品种可在调制酥皮面团时加入果蔬汁水，如胡萝卜汁，调剂颜色，使成品营养价值更高。

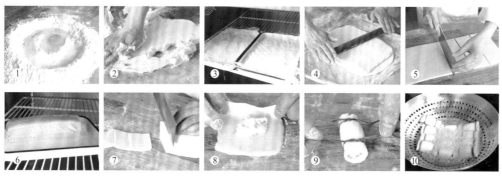

酥香榴莲酥

榴莲酥是广东茶餐厅招牌点心之一，点击率较高。成品色泽金黄，松酥化渣，吃完后淡淡的榴莲味让人"榴莲"忘返。

色泽金黄，酥香化渣，榴莲风味浓郁。

第六章

其他类特色品种

ZIJIN ZHENG FENGZHUA

紫金蒸凤爪

一、实训目的

通过实训掌握紫金蒸凤爪的制作方法，包括煮、炸、蒸的复合成熟方法。

二、成品标准

汁厚色亮，软滑松香，咸辣适中。

三、实训准备

1. 原料（制50份量）

(1) 主料：鸡爪2 500克。

(2) 辅料：面粉150克、生粉450克、粟粉200克、紫金椒酱300克、豆豉粒150克、青椒丝250克、红椒丝250克、麦芽糖150克、蒜茸250克、白醋180克、五香粉15克、色拉油2 000克（炸用）。

(3) 调料：老抽100克、生抽200克、白糖800克、葱油250克、蚝油400克、食盐200克、芝麻油50克、味精15克。

2. 器具

菜刀、不锈钢盆、蒸笼、蒸锅、蒸碟。

四、操作步骤

1. 将面粉、生粉、粟粉和匀加水调成稀浆，锅内烧葱油，加入清水、老抽、生抽、味精、白糖、蚝油、食盐烧开，放入稀浆搅打至起劲，最后加入香油，搅打发亮即为熟芡。

2. 鸡爪泡洗干净，剥去脚衣及脚趾甲等异物。锅内烧水，加入麦芽糖，一半的白醋煮至麦芽糖融化，闻着有酸味，放入鸡爪并翻动，再放入另一半白醋，当鸡爪煮至弯曲状，用手能掐烂时捞起。

3. 锅内加色拉油烧至油温210℃时，放入煮熟的鸡爪，炸至金黄色时捞起，立即放入冰水中浸泡，让其降温、浮松、去腻。浸泡1小时后捞起用刀将爪子一改为二。

4. 将打好的熟芡（最好是头一天打好的）放入盆内，加入紫金椒酱、豆豉粒（先炒香）、蒜茸、五香粉、胡椒粉、味精、芝麻油、食盐等拌和均匀，再与鸡爪、青椒丝、红椒丝、生抽拌匀即可装入蒸碟。

5. 将拌好的鸡爪3个一碟，装入笼内，上蒸锅蒸约1小时即成。

五、操作关键

1. 煮鸡爪时，白醋和麦芽糖视水量灵活掌握，水不能太多，要有酸味，鸡爪飞水不宜过熟。

2. 炸鸡爪时，油温要高，否则成品皮与骨难以分离。

3. 掌握好拌鸡爪的芡汁及色泽。

六、品种拓展

可将鸡爪换成鹅掌、猪蹄等，做成另类风味的小吃。

　　紫金蒸凤爪是广东极具特色的点心，是广州各茶餐厅点击率最高的小吃之一，基本上每桌必点。鸡爪经炸后再蒸，肉质泡而松软，一吮即脱骨，再加上诸味调和的酱料，顿时齿颊留香，就连啃骨头也成为一种乐趣。

紫金蒸凤爪

汁厚色亮，软滑松香，咸辣适中。

京式
面点
JINGSHI
MIANDIAN

第一部分

基础理论

第一章

京式面点的风味特色

京式面点是中国面点的重要流派之一。

北京曾为六朝古都，历史悠久，一直是全国的政治、经济、文化中心，人文荟萃、商贾聚集，各种文化相互交融，更促成了京式面点的多元化，逐渐形成了京式面点的独特风格。

一、京式面点的形成

1、京式面点具有悠久的历史

北京早在战国时期，就是燕国的都城，又曾是辽朝的陪都和金朝的中都，此后又成为元、明、清三个封建王朝的京都。天子脚下，京式面点处处体现出一个"精"：选料精良、制作精细、造型精美、口味精到。尤其是宫廷面点和官府面点，更是促进了烹饪技艺的提高和发展。在元代京式面点就已经非常著名，据考证，元代就有"馅饼""仓馒头""炒黄面"等食品。清代北京有面条、馄饨、饺子、河漏、饽饽、烧麦，等等，每一种面点中又可分出若干品种，据统计达200多种。

2、京式面点具有很强的地域特色

北京物产丰富，在原料选择上，京式面点以面粉为主，多种原料为辅。面团调制种类繁多，讲究劲道、爽滑。馅心调味讲究咸鲜为主，肉馅多用水打馅，并常用姜、葱、黄酱、芝麻酱等调味品，形成了北方地区的独特风味。

3、京式面点具有鲜明的融合性

京式面点既有汉族风味，又有回族、满族、蒙古族风味。而汉族风味中，既有北京当地的风味，又有山东风味、山西风味、江南风味等。此外，汉族风味和少数民族风味还常交融在一起，形成新的风味，这也是京式面点和其他风味面点最显著的区别之一。

二、京式面点的特色

在长期的发展过程中，京式面点形成了自己的特色，主要包括以下几个方面：

用料广博。 北京位于华北大平原北端，属温带季风性气候，四季分明，农产品出产丰富，近郊平原以蔬菜为主，远郊平原以粮食和经济作为为主，山区盛产干鲜果品，各种米、麦、豆、黍、粟、肉、蛋、奶、果、蔬、薯等应时而出，这些都为京式面点提供了良好的物质保证。另一方面，京式面点选料精细，做豆汁儿讲究用京东八县的绿豆、糖葫芦首选密云银野岭的大红袍山楂，做切糕得用密云小枣。

制作精细。 京式面点成形方法多样，包括擀、卷、抻、切、捏、叠、摊、包、粘等多种技法；成熟方法多样，包括蒸、煮、煎、炸、烤、烙、爆、涮、烩等多种技法。多种技法的运用，使得京式面点花样繁多、造型别致，如麻酱火烧"咬一口能看见20多层芝麻酱与白面均匀相间的薄层"，小窝头"一斤面能出120个，上尖下圆，小巧玲珑，看上去像一个个金色的小宝塔"，龙须面"仅凭双手，经过调团、遛条和十余次的搭扣抻拉，将面团抻成近万根细如发丝、不断不乱的面条，堪称绝技"。

风味多样。 首先，北京多民族聚居的特性带来了不同民族的风味面点，多民族交流的过程中又促进了新风味的形成，京式面点吸收了各民族面点的精华，具有鲜明的民族性；其次，京式面点又吸收了华北地区、东北地区、山东、山西等多地的风味面点，又受到宫廷面点和南味点心的影响，具有很强的融合性。

应时应典。 京式面点常随时令而变换品种，不同的季节有不同的吃食，如春季吃"春饼""豌豆黄"，夏季吃"杏仁豆腐""冷淘面"，秋季吃"栗子糕""蟹肉烧麦"，冬天吃"盆糕""涮羊肉"，等等；不同的节日也有特定的吃食，如除夕夜守岁吃"饺子"，元宵节吃"元宵"，立春吃"春饼"等。

第二章

京式面点的特色原料与器具介绍

一、皮坯原料

俗话说"南米北面"，京式面点以面粉作为主要皮坯原料，不仅精于制作，而且花样繁多。同时，各类米及米粉、杂粮及杂粮粉也被普遍使用在面团调制之中。

特色原料有玉米面、黄米面、各种豆类等。

（1）玉米面：又称玉米粉，是玉米磨制而成的粉。玉米面食品很多，在原来以粗粮为主的年代，这是人们的主食，现在仍是人们改善口味的食品之一。玉米面含有丰富的营养素，被称为"黄金作物"。京式面点中的"豌豆黄"等就是用它作为主要原料之一。

（2）黄米面：黍子去皮俗称黄米，磨成的面粉俗称黄米面，常用来做糕。黄米富含营养。京式面点中"驴打滚"最早就是用黄米面做的（现多用糯米粉制作）。

（3）豆类：豆类杂粮在京式面点中被广泛使用，主要有大豆、绿豆、豌豆、芸豆、赤豆，等等，代表性品种有"豌豆黄""芸豆卷"等。

二、馅心原料

北京地区物产丰富，各种原料被大量入馅。

特色原料有牛肉、羊肉及下货等动物性原料，鲜茴香等植物性原料。

（1）牛、羊肉：北京回族同胞众多，他们为京式面点的发展做出了重大贡献。清真风味中，牛羊肉为主要动物性原料。

（2）下货：又称"下水"，是指牛、羊、猪的肠、心、肝、肺、肚等内脏及头、蹄、尾等。代表性品种有"爆肚""卤煮火烧""白水羊头"等。

（3）鲜茴香：它的细嫩茎叶部分具有香气，常与肉馅搭配，用来作包子、饺子等食品的馅料。

三、调味原料

京式面点特色的调味品有黄酱、甜面酱、芝麻酱、韭菜花、豆腐乳等。

（1）黄酱：黄酱又称大豆酱、豆酱，用黄豆炒熟磨碎后发酵而制成，是我国传统的调味酱。黄酱有浓郁的酱香和酯香，咸甜适口，可用于烹制各种菜肴，也是制作"炸酱面"的配料之一。

（2）甜面酱：甜面酱，又称甜酱，是以面粉为主要原料，经制曲和保温发酵制成的一种酱状调味品。其味甜中带咸，同时有酱香和酯香，适合于炒、烧、蘸食等。

（3）韭菜花：又称韭花、韭薹，是秋天里韭白上生出的白色花簇，多在欲开未开时采摘，磨碎后腌制成酱食用，如与"卤煮火烧""涮羊肉"等搭配食用。

（4）芝麻酱：又称麻酱，是把芝麻炒熟、磨碎而制成的酱，有香味，用作调料。

（5）豆腐乳：又称腐乳、酱豆腐等，用小块的豆腐做坯，经过发酵、腌制而成，有"东方奶酪"之称。

四、特色器具介绍

（1）擀面杖：又称擀面棍，是面点制皮时不可缺少的工具，横截面呈圆形，因尺寸不同，有大中小之分，大的长约80～100厘米，小的长约20～30厘米，主要用于擀制面条、面皮、饼等。

（2）烧麦槌：又称鼓形通心槌，由中心通孔的鼓形滚筒和轴组成，主要用于擀制烧麦皮。

（3）削面刀：一个成瓦楞形的薄铁片，主要用于刀削面的制作。

（4）拨面刀：制作刀拨面用的刀是特制的，长约56厘米，宽12厘米，两端都有柄，拨面刀的刀刃是平的，成直线，不能带"鼓肚"。每把刀约1.25公斤左右重。用这种刀拨出的面十分整齐，粗细一致，断面成小三棱形，条长半米有余。

（5）细箩：用于过筛粉类或豆泥等，使之更加细腻。

（6）竹帘：用细竹条编制而成，用于制作带纹理的"猫儿面""搓鱼儿"等。可用细寿司帘代替。

（7）云板：为摊制春卷皮或煎饼的专用工具，厚约2厘米，直径为20厘米的圆形厚钢板。

第二部分

品种实训

第一章

杂粮面团类品种

LIZIMIAN XIAOWOTOU
"栗子面"小窝头

一、实验目的

通过实验掌握杂粮面团的调制方法，掌握小窝头的成形方法。

二、成品标准

色泽金黄，小巧玲珑，上尖下圆，松软甜美。

三、实验准备

1. 原料（1份10个，制10份量）

细玉米面200克、黄豆面100克、白糖60克、糖桂花25克、热水210克。

2. 器具

不锈钢盆、蒸锅、蒸笼等。

四、操作步骤

1. 调团：细玉米面、黄豆面、白糖、糖桂花一起入盆拌匀，先加热水烫透，再用手揉匀揉透备用。

2. 成形：搓条下6～7克重的剂子。将剂子搓圆，然后置于左手掌心，右手食指蘸少许凉水，在圆球中间钻一小洞，两手配合，由小渐大，由浅渐深，并将窝头上端捏成尖形，直到面团厚度只有1～2毫米，内壁外表均光滑时即成小窝头生坯。

3. 成熟：将小窝头上笼，置于蒸锅上，蒸约10分钟即可出笼。

五、操作关键

1. 和面要用热水，增加其成团性和糯性。

2. 成形手法要准确。

小窝头与豌豆黄、芸豆卷并称清宫"三小件"。传说八国联军侵占北京时，慈禧仓惶逃往西安。一个叫贯世里的随从给了慈禧一个玉米面大窝头，饥肠辘辘的慈禧吃后大加称赞。慈禧从西安回到北京后要御膳房给她蒸窝头吃。御膳房将大窝头改成小窝头，并在里面加了好多糖，这就是小窝头的来历。以前人们传说小窝头是栗子面做的，其实根据在清宫的老师傅说：当时是用细箩的玉米面、黄豆面加上白糖和糖桂花蒸制成的。

「栗子面」小窝头

色泽金黄

小巧玲珑

上尖下圆

松软甜美

YUNDOU JUAN

芸豆卷

一、实验目的

通过实验掌握豆类面团的调制方法之一，掌握芸豆卷的成形方法。

二、成品标准

色泽雪白，造型美观，细腻香甜，入口即化。

三、实验准备

1. 原料（每份10个，制5份量）

白芸豆250克、白糖50克、豆沙馅250克。

2. 器具

不锈钢盆、蒸锅、蒸笼、筛子、纱布、刮板、切刀等。

四、操作步骤

1. 泡豆、蒸豆：将白芸豆加水浸泡一夜（8小时以上），然后用手剥去外皮，将豆瓣装入碗中，加少许水，上笼蒸至豆子软烂，晾凉备用。

2. 调团：白糖融入开水中，晾凉备用。将豆子放在筛子上，下面垫上一个不锈钢盆，将豆子过筛成豆泥，加糖水调匀成团。

3. 成形：案板上放上一张干净的湿纱布，放上芸豆泥，用刮板刮平成厚约0.5厘米，宽约12厘米的片，用刀将边沿修整齐，然后再挤上两条豆沙馅。提起纱布一端，卷至1/2，然后将另一端也卷至1/2处，再整形成如意造型即可。

4. 切段：将卷的纱布去掉，将刀蘸少许水，将芸豆卷切段装盘。

五、操作关键

1. 芸豆要泡透、蒸透，并过筛成泥。

2. 片要厚薄均匀，成形时要注意手法。

3. 每切一段，刀均需蘸水，方可保证断面整齐美观。

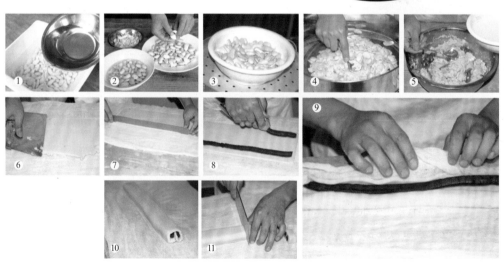

传说有一天，慈禧在静心斋歇凉，忽听大街上有铜锣声。慈禧问是干什么的？当差的回答说是卖芸豆卷的。慈禧让当差的把那个人叫进来，那个人说："敬请老佛爷尝尝这芸豆卷，香甜爽口，入口即化。"慈禧尝过后觉得非常好吃，于是就把这个人留在宫中，专门为她做小吃，从此芸豆卷成了慈禧的御前御点。

芸豆卷

色泽雪白，造型美观，细腻香甜，入口即化。

豌豆黄
WANDOUHUANG

一、实验目的

通过实验掌握豆类杂粮面团的调制方法之一，掌握豌豆黄的成形方法。

二、成品标准

色泽美观，细腻香甜，清凉爽口，入口即化。

三、实验准备

1. 原料（每份12块，制3份量）

白豌豆250克、琼脂5克、白糖125克、清水适量。

2. 器具

不锈钢盆、搪瓷方盘、铜锅（或不锈钢桶）、筛子、切刀等。

四、操作步骤

1. 泡豆、煮豆：将白豌豆加水浸泡一夜（8小时以上），然后入铜锅，加水煮至豆子软烂（可加少许食碱），沥干水分，晾凉备用。

2. 取豆泥：将豆子放在筛子上，下面垫上一个不锈钢盆，将豆子过筛成豆泥备用。

3. 熬豆泥：豆泥加水稀释置火上，加琼脂、白糖熬化，倒入方盘内，使其自然冷凝成块（可入冰箱冷藏）。

4. 切块装盘：将豌豆黄倒扣取出，刀蘸少许水，将豌豆黄切块装盘。

五、操作关键

1. 豆要泡透、煮透，并过筛成泥。

2. 熬豆泥时，水与琼脂的比例要恰当。

六、品种拓展

若选用新鲜蚕豆，则可制成翠绿色的"蚕豆糕"。

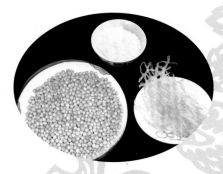

豌豆黄是北京传统小吃，分宫廷和民间两种。按北京习俗，农历三月初三要吃豌豆黄。因此每当春季豌豆黄就上市，一直供应到春末。民间的糙豌豆黄儿是典型的春令食品，常见于春季庙会上。 豌豆黄随芸豆卷一起传入清宫，深受慈禧喜爱。相对走街串巷的小贩出售的制作较粗糙的豌豆黄儿，宫廷豌豆黄用料、工艺、价格有天壤之别。

豌豆黄

色泽美观
细腻香甜
清凉爽口
入口即化

CUO YUER
搓鱼儿

一、实验目的

通过实验掌握杂粮面团的调制方法，掌握面条的成形方法。

二、成品标准

造型别致，筋道爽滑，口味鲜美。

三、实验准备

1. 原料（制1份量）

面粉150克、荞麦粉50克、食盐2克、清水90克。

2. 器具

擀面杖、切刀、面刮、竹帘、蒸锅、蒸笼等。

四、操作步骤

1. 调团：将面粉和荞麦粉混匀，刨成凹形，加食盐、清水和成面团，盖上干净湿毛巾饧面。

2. 成形：用擀面杖擀成0.6厘米厚的薄片，切成条，再切成1.5厘米长的短节，用手搓成中间粗、两头尖形状，然后放在竹帘上，用面刮压成中空而外部带纹路的搓鱼儿生坯。

3. 蒸制：将生坯上笼，置于蒸锅上，蒸约7分钟即可出笼（可刷上少许芝麻油）。

4. 装盘：将搓鱼儿装入盘中，配上味碟或淋上味汁即可。

五、操作关键

1. 面团要揉匀揉透，并充分饧面。

2. 蒸制时间不宜过久（也可采用煮制成熟的方法）。

六、品种拓展

可选用其他原料代替荞麦粉制作"玉米面搓鱼儿""莜面搓鱼儿"等，也可选用其他调味方法和成熟方法，制作不同风味的搓鱼儿。

搓鱼儿

造型别致
筋道爽滑
口味鲜美

搓鱼儿是用手搓成形状似鱼的面食而命名之，乃山西民间的家常面食，城乡的面食馆和小吃摊均有出售，是深受人们喜爱的一种面食。俗话说："大年吃搓鱼儿，一辈子不短钱儿！"

第二章

水调面团类品种

DALIAN HUOSHAO
褡裢火烧

一、实验目的

通过实验掌握热水面团的调制方法，掌握其馅心的制作，掌握其成形、成熟方法。

二、成品标准

形如褡裢，色泽金黄，焦香四溢，鲜美可口。

三、实验准备

1. 原料（制12份量）

面粉150克、热水80克、猪绞肉150克、鸡蛋50克、食盐1.5克、味精1克、胡椒粉1克、酱油5克、姜末1克、葱花5克、芝麻油5克、色拉油约100克。

2. 器具

碗、擀面杖、馅挑、平底锅等。

四、操作步骤

1. 制馅：猪绞肉加鸡蛋和食盐、味精、胡椒粉、酱油、姜末、葱花、芝麻油拌匀成馅。

2. 调团：面粉加热水调成热水面团，盖上湿毛巾饧面。

3. 成形：将饧好的面团搓成长条，摘成20克的剂子，擀成厚约0.5厘米的椭圆形片，包入馅心，卷成筒，将两端收口即成生坯。

4. 煎制：平底煎锅内放入少许色拉油烧热，将生坯用双手轻轻拉长，放入锅内煎至两面黄即可。

五、操作关键

1. 面团要烫匀烫透，并且偏软。

2. 煎制时火力不宜过旺，避免外焦内生。

六、品种拓展

可换用羊肉、牛肉等制作清真风味的褡裢火烧，也可添加虾仁、韭菜等制作其他风味的褡裢火烧。

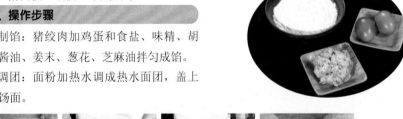

　　褡裢火烧因制作成形后，酷似古代背在肩上的褡裢，故名。1876年，顺义人氏姚春宣夫妻俩在东安市场内摆了一小食摊，首次供应。吃褡裢火烧时配用鸡血和豆腐条制成的酸辣汤，鲜香酸辣并收口中，余味无穷。姚氏夫妻后扩店更名为瑞明楼，终因经营不善而倒闭。店内的罗虎祥和郝家瑞精于此道，于1934年取每人名字中的一字相联，合资在门框胡同内开设了祥瑞饭馆，现改名为"瑞宾楼"，专供褡裢火烧，制作也愈加精细，一时名噪京都，成为北京家喻户晓的名食。

褡裢火烧

形如褡裢
色泽金黄
焦香四溢
鲜美可口

SANXIAN SHAOMAI

三鲜烧麦

一、实验目的

通过实验掌握热水面团的调制方法，掌握三鲜烧麦馅心的制作，烧麦的成形方法。

二、成品标准

形如石榴，洁白晶莹，馅多皮薄，醇香可口。

三、实验准备

1. 原料（每份10个，制5份量）

面粉300克、沸水180克、猪绞肉300克、水发海参50克、虾仁50克、黄酱20克、食盐2克、味精1克、胡椒粉1克、料酒5克、酱油5克、芝麻油3克、姜末2克、干淀粉100克。

2. 器具

烧麦槌、菜板、馅挑、蒸锅、蒸笼等。

四、操作步骤

1. 调团：面粉加沸水调成较硬的热水面团，盖上湿毛巾饧面。

2. 制馅：将水发海参和虾仁切成丁。猪绞肉放入盆中，加上食盐、味精、胡椒粉、料酒、酱油、黄酱、芝麻油、姜末拌匀，然后加入水发海参和虾仁丁拌打成馅。

3. 制皮：将面团搓成长条，摘成9克的剂子，用擀面杖擀成5厘米的圆皮，然后铺上干淀粉，用烧麦槌擀成直径为11厘米的荷叶边烧麦皮备用。

4. 成形：把馅放在皮坯中间，右手用馅挑在馅上转动，左手五指回拢成菊花形，表面抹平馅即成生坯。

5. 蒸：上笼用大火蒸10分钟即熟。期间可揭盖在烧麦表面撒上少许凉水，使其表面软化。

五、操作关键

1. 面要烫匀烫透，而且偏硬。

2. 烧麦皮要薄而大，皱褶明显。

3. 注意成形手法。

六、品种拓展

换用其他馅心，则可制成"翡翠烧麦""糯米烧麦"等品种。

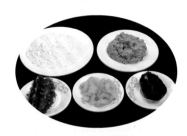

北京的三鲜烧麦首推"都一处"烧麦馆的。清乾隆十七年（1752）除夕，乾隆皇帝微服私访深夜回京，到王姓山西人经营的"醉葫芦"酒铺用餐，由于招待周到，小菜可口，因此对小店产生了很大兴趣，当得知小店无名时，乾隆回宫后即刻亲笔题写了"都一处"店名，将其刻在匾上，几天后派人送来这块虎头匾。"都一处"从此以后生意十分红火。同治年间才增添了烧麦，其特点不仅皮薄馅满，而且味道极好。

三鲜烧麦

形如石榴
洁白晶莹
馅多皮薄
鲜香可口

JIUCAI HEZI
韭菜盒子

一、实验目的

通过实验掌握热水面团的调制方法，掌握馅心的制作，韭菜盒子的成形、成熟方法。

二、成品标准

表皮金黄酥脆，馅心韭香脆嫩，滋味鲜美。

三、实验准备

1. 原料（制15份量）

面粉250克、热水150克、韭菜150克、鸡蛋150克、粉丝50克、食盐3克、味精1克、胡椒粉0.5克、芝麻油3克、色拉油200克。

2. 器具

擀面杖、炒锅、炒勺、平底锅等。

四、操作步骤

1. 制馅：粉丝泡发切段；韭菜摘洗干净切碎，加芝麻油拌匀；鸡蛋打散，锅内加少许色拉油烧热，下鸡蛋炒熟剁碎；然后将三者加食盐、味精、胡椒粉、芝麻油拌和成馅。

2. 调团：面粉加热水和成热水面团，盖上湿毛巾饧面。

3. 成形：将面团搓成长条，摘成25克的剂子，擀成大而薄的圆皮，包入馅心，对折成半月形，锁麻绳花边。

4. 煎：平底锅置小火上，加少许的色拉油烧热，下盒子煎至两面黄即成。

五、操作关键

1. 面团要烫透、揉透。

2. 煎制火力不宜过猛，防止外焦内生。

六、品种拓展

也可采用发酵面团包制，采用水油煎的方法成熟。

古语云"春早韭、秋晚菘"，意思是说早春的韭菜、晚秋的白菜是最鲜美的。韭菜盒子一般选春季头刀韭菜作馅，适宜于春季食用。

韭菜盒子

表发金黄酥脆

馅心韭香脆嫩

滋味鲜美

JIUCAI SHUIJIAO

韭菜水饺

一、实验目的

通过实验掌握冷水面团的调制方法，掌握韭菜肉馅的制作，饺子的成形、成熟方法。

二、成品标准

皮薄馅嫩，咸鲜可口，韭香怡人。

三、实验准备

1. 原料（制30份量）

面粉200克、清水85克、猪绞肉150克、韭菜150克、食盐3克、味精1克、胡椒粉0.5克、芝麻油3克、酱油5克、姜10克、葱10克。

2. 器具

碗、菜板、馅挑、擀面杖、锅等。

四、操作步骤

1.面团调制：面粉加清水和成冷水面团，盖上湿毛巾饧面。

2.制馅：姜切末，葱切成葱花。猪绞肉加食盐、味精、胡椒粉、料酒、芝麻油、酱油、姜末拌匀，加入切碎的韭菜（用芝麻油拌匀）、葱花备用，包时和匀。

3.成形：将面团搓成长条，摘成9克的剂子，擀成直径为7厘米的中间厚边缘薄的圆皮，包馅成木鱼饺。

4.煮制：锅内加水烧开，下饺子煮熟，捞出沥干水分装碗，配红油味碟或姜醋碟食用。

五、操作关键

1. 掌握好饺子的成形方法。

2. 饺子不宜久煮，大沸腾时要"点水"。

六、品种拓展

若换用其他馅心，则可制成不同风味的饺子，如猪肉芹菜水饺、牛肉西葫芦水饺等。

韭菜水饺

色泽雪白
造型美观
细腻香甜
入口即化

民间有"好吃不过饺子"的俗语。饺子原名"娇耳"，相传是我国医圣张仲景首先发明的，他的"祛寒娇耳汤"的故事在民间流传至今。饺子是深受国人喜爱的传统特色食品，是中国北方民间的主食和地方小吃，也是年节食品。有一句民谣叫"大寒小寒，吃饺子过年。"在中华民俗中的，除夕守岁吃饺子，是任何山珍海味所无法替代的重头大宴。

LAOBEIJING ZHAJIANGMIAN

老北京炸酱面

一、实验目的

通过实验掌握手擀面和炸酱面臊的制作方法。

二、成品标准

面条筋道爽滑，炸酱咸甜适口，菜码五彩纷呈。

三、实验准备

1. 原料（制5份量）

五花肉250克、干黄酱100克、甜面酱50克、面粉250克、鸡蛋100克、清水60克、豆芽50克、心里美萝卜50克、黄瓜50克、胡萝卜50克、黄豆（发成芽豆）50克、大葱100克、姜20克、蒜10克、八角（大料）3克、食盐2克、色拉油250克、味精5克、胡椒粉2克、水淀粉50克、芝麻油10克、香菜10克。

2. 器具

碗、菜板、切刀、筷子、锅等。

四、操作步骤

1. 手擀面：面粉加鸡蛋、食盐和清水和成光滑的面团，盖上湿毛巾饧面30分钟左右，取出置于案板上，用大擀面杖反复擀、压、卷，制成大而薄的片，然后折成梯形，用刀切成面条备用。

2. 备菜码：鸡蛋打散，入锅摊成蛋皮，用刀切成蛋皮丝；豆芽掐去两头，入锅飞一水；心里美萝卜、黄瓜、胡萝卜、大葱均切成丝；芽豆煮熟；蒜瓣剥好；将以上菜码装入小碟中备用。

3. 炸酱：五花肉切成小丁，干黄酱和甜面酱加水稀释。锅内加色拉油烧热，放八角、姜葱炸香，下五花肉炒至微微吐油，倒入酱汤，用小火继续熬制，当酱汁收至稍浓时，加味精、胡椒粉调味，再加入水淀粉勾芡，浇上芝麻油，关火，将酱料盛入碗中备用。

4. 煮面：面条入锅煮熟，捞入冷水中过凉。

5. 装碗：面条挑入大碗中，配上菜码，淋上炸酱，点缀上香菜即成。

五、操作关键

1. 面条擀制时要注意手法，使面片厚薄均匀。

2. 炸酱时宜用小火，并不停翻炒。

六、品种拓展

可根据季节的不同，搭配不同的菜码。

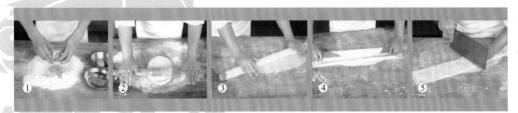

老北京炸酱面

面条筋道爽滑

炸酱咸甜适口

菜码绚彩缤纷

关于炸酱面有一首顺口溜："青豆嘴、香椿芽，焯韭菜切成段；芹菜末、莴笋片，狗牙蒜瓣两瓣；豆芽菜呵，去了根，顶花带刺的黄瓜切细丝；心里美，切几批，焯江豆剁碎丁，小水萝卜带绿缨；辣椒麻油淋一点，芥末泼到辣鼻眼。炸酱面虽只一小碗，七碟八碗是面码。"

SANXIAN DALUMIAN

三鲜打卤面

一、实验目的

通过实验掌握手擀面面团的调制方法，掌握三鲜打卤面面臊的制作方法。

二、成品标准

面条滑爽，面臊鲜美，咸鲜可口。

三、实验准备

1. 原料（制5份量）

面粉250克、黄花菜10克、木耳10克、鸡蛋100克、冬笋50克、香菇50克、姜5克、葱20克、八角（大料）3克、鲜汤800克、食盐8克、味精1克、胡椒粉1克、水淀粉50克、芝麻油3克（或花椒油3克）、色拉油50克、清水70克。

2. 器具

碗、菜板、切刀、筷子、锅等。

四、操作步骤

1. 手擀面：面粉加鸡蛋、食盐和清水和成光滑的面团，盖上湿毛巾饧面30分钟左右，取出置于案板上，用大擀面杖反复擀、压、卷，制成大而薄的片，然后折成梯形，用刀切成面条备用（参见"老北京炸酱面"手擀面）。

2. 打卤：黄花菜、木耳、香菇均水发，与冬笋一道分别切成丝。鸡蛋磕开搅散。锅内加色拉油烧热，下八角、姜、葱，炸香后捞出，

下入水发黄花菜、水发木耳、冬笋、水发香菇等炒香，掺鲜汤，烧开后加入味精、胡椒粉调味，然后用水淀粉勾芡，再将鸡蛋推入成蛋花，淋芝麻油（或花椒油），保温备用。

3. 煮面：锅内加水烧开，下面条煮熟，捞入冷水中过凉。

4. 装碗：将面条装入碗中，淋上打卤即可。

五、操作关键

1. 打卤勾芡要注意淀粉和水的比例。

2. 面条不宜久煮，并需过凉。

六、品种拓展

可换用猪肉、冬笋、香菇等制成"肉打卤"，也可用虾仁、冬笋、香菇等制成"海鲜打卤"，等等。

打卤面做法多样，风味不一，用料也多种多样，随用料、做法不同，亦有不同风味。打卤分"清卤"和"混卤"两种，清卤又叫汆儿卤，混卤又叫勾芡卤，做法固然不同，吃到嘴里滋味也两样。

三鲜打卤面

面条滑爽，面臊鲜美，咸鲜可口。

西红柿打卤面
XIHONGSHI DALUMIAN

一、实验目的

通过实验掌握手擀面制作方法，掌握西红柿鸡蛋卤的制作方法。

二、成品标准

面条筋道滑爽，面臊鲜香可口，整体美观大方。

三、实验准备

1. 原料（制5份量）

面粉250克、西红柿100克、鸡蛋100克、清水60克、姜5克、葱20克、八角（大料）3克、鲜汤800克、食盐8克、味精1克、胡椒粉1克、水淀粉50克、芝麻油3克（或花椒油3克）、色拉油50克、香菜50克。

2. 器具

大擀面杖、碗、菜板、切刀、筷子、锅等。

四、操作步骤

1. 手擀面：面粉加鸡蛋、食盐和清水和成光滑的面团，盖上湿毛巾饧面30分钟左右，取出置于案板上，用大擀面杖反复擀、压、卷，制成大而薄的片，然后折成梯形，用刀切成面条备用（参见"老北京炸酱面"手擀面）。

2. 打卤：西红柿切十字口，入热水锅烫后撕去皮，再切成小块；鸡蛋磕开搅散。锅内加色拉油烧热，下鸡蛋，用铲子拨散，炒熟取出备用。锅内重新加色拉油，下八角、姜葱，炸香后捞出，下番茄炒香，掺鲜汤，烧开加食盐、味精、胡椒粉调味，然后用水淀粉勾芡，再将鸡蛋放入，淋芝麻油（或花椒油），保温备用。

3. 煮面：锅内加水烧开，下面条煮熟，捞入冷水过凉。

4. 装碗：将面条装入碗中，淋上卤，用香菜点缀即可。

五、操作关键

1. 鸡蛋要炒香炒散，放入卤中不宜久煮。

2. 打卤勾芡要注意淀粉和水的比例。

六、品种拓展

可搭配其他面条，如猫耳面、菠菜面等食用。

① ② ③ ④ ⑤ ⑥ ⑦ ⑧

西红柿打卤面

面条筋道滑爽

面臊鲜香可口

整作美观大方

DAOXIAO MIAN
刀削面

一、实验目的

通过实验掌握刀削面面团的调制方法，掌握刀削面的成形方法。

二、成品标准

面条形似柳叶，筋道爽滑，别具风味。

三、实验准备

1. 原料（制5份量）

面粉500克、清水200克、牛肉150克、五香料15克、食盐5克、味精1克、胡椒粉1克、料酒5克、芝麻油3克、姜10克、葱10克、鲜汤1 000克。

2. 器具

碗、削面刀、锅等。

四、操作步骤

1. 调团：面粉加清水（可加少许食碱）调成硬面团，揉匀揉透，然后揉成长条形饧面30分钟以上。

2. 制面臊：牛肉下热水锅飞一水，然后重新换水，加姜、葱、五香料、料酒、胡椒粉烧开，加食盐调味，煮熟捞出，冷后切成片。将鲜汤加食盐、味精、胡椒粉、芝麻油调味备用。

3. 煮面：锅内加水烧开。一手持削面刀，一手托面团，用刀沿面团的外侧向里一刀挨一刀将其削入沸水锅中，煮熟即可出锅，装入加汤的碗中，摆上牛肉片即成。

五、操作关键

1. 面团要揉匀上劲，并充分饧面。

2. 正确掌握削面手法。

六、品种拓展

可换用其他面臊，制成其他风味的刀削面。

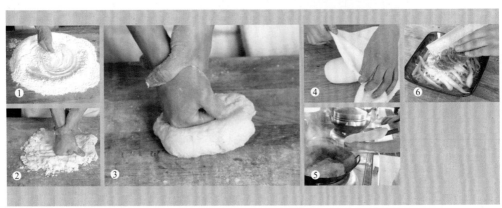

刀削面是北方"四大面食"（刀削面、抻面、小刀面、拨鱼面）之一，它同北京的炸酱面、山东的伊府面、武汉的热干面、四川的担担面，同称为中国五大面食名品，享有盛誉。功艺精巧的厨师削出来的面条"一根落汤锅，一根空中飘，一根刚出刀，根根鱼儿跃"。

刀削面

面条形似柳叶

筋道爽滑

别具风味

ZHA SANJIAO

炸三角

一、实验目的

通过实验掌握热水面团的调制方法，掌握炸三角馅心的制作，掌握其成形、成熟方法。

二、成品标准

造型别致，色泽金黄，外酥内嫩，鲜美可口。

三、实验准备

1. 原料（每份12个，制3份量）

面粉200克、热水110克、猪绞肉200克、皮冻50克、韭菜100克、化猪油100克、黄酱20克、食盐2克、味精1克、料酒5克、酱油5克、姜末1克、芝麻油3克、色拉油2 000克（炒、炸用）。

2. 器具

擀面杖、馅挑、锅、大漏勺等。

四、操作步骤

1. 制馅：韭菜洗净切末，皮冻剁细备用。锅内加色拉油，下猪绞肉炒散，加料酒、酱油、黄酱等调味品炒香，取出晾凉加韭菜末、食盐、味精、芝麻油、姜末、皮冻末拌成馅。

2. 调团：面粉加热水调成热水面团，晾凉后加入化猪油揉匀揉透，成团盖上湿毛巾备用。

3. 成形：将面团搓成长条，摘成9克的剂子，擀成圆皮，对折，然后用擀面棍在中间压

一道，用刀沿压痕切开，即成皮坯。然后取一皮坯，包入馅心，捏成三角生坯，锁上绳边。

4. 炸制：锅内加色拉油烧至4成热，下生坯炸至金黄，表面起珍珠泡即成。

五、操作关键

1. 面团需加入化猪油揉匀，使其在炸制时更酥脆，更容易起珍珠泡。

2. 炸制时下锅油温要准确。

六、品种拓展

回民小吃的素三角也是用油炸的，它不用烫面，是用面粉加水和成硬面团揉匀，揪成小剂擀圆，从中切开，成半圆形面皮。它的馅心叫做"焖子馅"，是用细淀粉加冷水和成糊，锅内将水烧开（每500克淀粉用水2 500克，加酱油烧开），将淀粉糊倒入开水锅内搅拌均匀，盛入盘内晾凉后切成小丁，加葱花、香菜、麻仁、咸红根（即咸红黄胡萝卜丝）、芝麻油拌匀成馅。用半圆面皮包馅，用刷子沾水刷边，把口捏严，封口捏边朝上即成形。

炸三角距今有1百多年的历史了。表面焦脆而不硬，味道清香鲜美。以前北京的大街小巷经常听到"油炸的，三角哇，虾米韭菜馅的"的吆喝声。馅分荤素两种。以"都一处"的炸三角最为有名。

炸三角

造型别致
色泽金黄
外酥肉嫩
鲜美可口

烫面炸糕
TANGMIAN ZHAGAO

一、实验目的

通过实验掌握沸水面团和红糖馅的调制方法，掌握烫面炸糕的炸制方法。

二、成品标准

色泽金黄，表皮酥脆，质地软嫩，香甜可口。

三、实验准备

1. 原料（制25份量）

面粉250克、沸水225克、化猪油10克、老面50克、食碱2克、红糖150克、熟面粉50克、色拉油2 000克（炸用）。

2. 器具

炒锅、擀面杖、馅挑、大漏勺等。

四、操作步骤

1. 调团：面粉过筛，入沸水锅中烫匀烫透，取出擦成小片晾凉，然后加老面、食碱、化猪油揉匀，盖上湿毛巾饧面。

2. 制馅：红糖加熟面粉调匀成馅。

3. 成形：将面团搓成长条，摘成20克的剂子，包入红糖馅，按成圆饼。

4. 炸制：锅内加色拉油烧至3～4成热，改小火，下饼坯炸至浮面，然后不断推炸至金黄色，出锅沥油。

五、操作关键

1. 面团要揉匀揉透。

2. 下锅油温不宜过高，升温速度要慢。

六、品种拓展

也可换用其他甜馅，制成其他风味的"烫面炸糕"。

① ② ③ ④

⑤

⑥

⑦

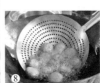
⑧

庙会，又称"庙市"或"节场"，是指在寺庙附近聚会，进行祭神、娱乐和购物等活动，是中华文化传统的节日风俗。庙会是中国民间广为流传的一种传统民俗活动。烫面炸糕是以前京城庙会小吃品种，多为回族同胞制售。

烫面炸糕

色泽金黄，表发酥脆，质地软嫩，香甜可口。

第三章

膨松面团类品种

GOUBULI BAOZI

狗不理包子

一、实验目的

通过实验掌握酵母发酵面团的调制方法，掌握带卤汁的馅心的制作，包子的成形方法。

二、成品标准

皮白松泡，形似菊花，口感柔软，鲜香不腻。

三、实验准备

1. 原料（制20份量）

面粉250克、干酵母2.5克、清水120克、猪绞肉150克、食盐2克、酱油40克、鲜汤100克、味精1克、芝麻油2克、姜5克、葱花10克。

2. 器具

碗、菜板、馅挑、蒸锅、蒸笼等。

四、操作步骤

1. 调团：面粉加干酵母、清水调匀成团，盖上湿毛巾饧发。

2. 制馅：猪绞肉放入盆中，先加食盐和姜泡的水调味、加酱油调色，再分次加入鲜汤搅打。最后放入味精、芝麻油和葱花搅拌均匀。

3. 成形：搓条下17.5克重（正负不超过2.5克）的剂子，擀成直径8.5～9厘米左右的圆形坯皮，填入15克重（正负不超过2.5克）的馅心，包捏依次捏出18～20个左右的皱褶。

4. 成熟：将包好的包子上笼，置于蒸锅上，蒸约10分钟即可出笼。

五、操作关键

1. 发酵程度为嫩酵面。

2. 馅心调味要准确，鲜汤要分次加入，并充分搅打。

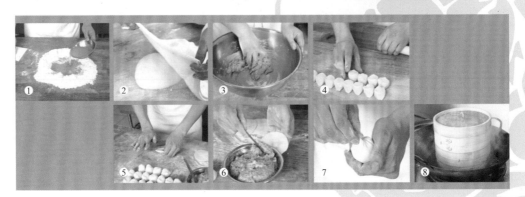

狗不理包子创立于1858年，是中华老字号之一，是中国天津的著名小吃，为"天津三绝"之首。狗不理的名字据说来自于创始人高贵友的小名"狗子"。由于高贵友手艺好，做事又十分认真，因此生意十分兴隆。由于来吃他包子的人越来越多，高贵友忙得顾不上跟顾客说话，这样一来，吃包子的人都戏称他"狗子卖包子，不理人"。

狗不理包子
发白松泡
形似菊花
口感柔软
鲜香不腻

TANG SANJIAO
糖三角

一、实验目的

通过实验掌握发酵面团的调制方法，掌握红糖馅心的制作，掌握糖三角的成形、成熟方法。

二、成品标准

色白松泡，造型别致，口味香甜。

三、实验准备

1. 原料（制30份量）

面粉300克、干酵母5克、泡打粉3克、化猪油10克、红砂糖100克、熟面粉50克、清水150克。

2. 器具

擀面杖、馅挑、蒸锅、蒸笼等。

四、操作步骤

1. 制馅：红砂糖加熟面粉拌匀成馅。

2. 调团：面粉加干酵母、泡打粉、清水、化猪油揉匀成团，盖上湿毛巾饧面。

3. 成形：将面团搓成长条，摘成20克的剂子，擀成圆皮，包入馅心，捏成三角形，放入笼内醒发。

4. 蒸：上蒸锅蒸10分钟即熟。

五、操作关键

1. 酵面要选择登发面。

2. 红砂糖和熟面粉的比例要恰当。

六、品种拓展

可采用其他造型或其他成熟方法，制作红糖包、红糖锅魁等品种。

糖三角是北京大众面食之一，因用糖馅，包捏成三角形，故名。

糖三角

色白松泡
造型别致
口味香甜

奶油炸糕

NAIYOU ZHAGAO

一、实验目的

通过实验掌握泡芙面团的调制方法，掌握其成形成熟方法。

二、成品标准

外焦里嫩，香味浓郁，富有营养，易于消化。

三、实验准备

1. 原料（每份12个，制3份量）

低筋面粉200克、鸡蛋100克、黄油50克、清水450克、白糖60克、香兰素1克、色拉油2 000克（炸用）。

2. 器具

打蛋器、锅、筛子、大漏勺、炒勺等。

四、操作步骤

1. 调团：低筋面粉过筛。清水入锅烧开，加入黄油和25克白糖，待其融化，加入低筋面粉迅速搅匀成团，放入打蛋桶内。当面团温度降至50℃～60℃时，将鸡蛋磕开，加入香兰素搅匀，分次加入面团中，用打蛋器搅打成面糊。

2. 炸：锅内加色拉油烧至2～3成热，将面糊挤成约25克的圆球，用蘸水的勺子舀入锅中，用中火炸至浮面，开火升高油温，用勺子不断翻炸至金黄，体积膨胀，捞出沥油，装盘后撒白糖即可。

五、操作关键

1. 面团干湿程度要合适，用勺子舀起成倒三角片状即可。

2. 油温要适当，升温速度不可过快。

六、品种拓展

可在调团时，用少量的抹茶粉或可可粉等代替等量的面粉，制成不同风味特色的奶油炸糕。也可采用烤制成熟的方法，制成泡芙。

奶油炸糕是有名的京味小吃，其有着老北京十三绝的称号。其做法与泡芙调团方法类似，故又有"中式泡芙"之称。

奶油炸糕

外焦里嫩
香味浓郁
富有营养
易于消化

第四章

其他类特色品种

LÜDAGUN

驴打滚儿

一、实验目的

通过实验掌握糯米粉团的调制方法，掌握卷和滚粘等成形方法。

二、成品标准

层次分明，香、甜、黏，有浓郁的豆面香味。

三、实验准备

1. 原料（每份10个，制3份量）

糯米粉200克、清水300克、白糖50克、豆沙馅300克、熟黄豆面200克。

2. 器具

不锈钢盆、搪瓷方盘、擀面杖、切刀、小筛子、蒸锅、蒸笼等。

四、操作步骤

1. 调团：糯米粉加白糖、清水调成稀软的面团。

2. 蒸面团：取一搪瓷平盘，抹油，然后将面团倒入盘中，上笼蒸熟。

3. 成形：豆沙馅加少许凉开水调匀。熟黄豆面均匀地洒在案板上，取出面团，铺在黄豆面上，再撒上少许黄豆面在其表面，用擀面杖擀成大片，抹上豆沙馅，卷成筒，将余下的黄豆面用小筛抖在表面，用刀蘸少许水将其横切成段，最后装盘即成。

五、操作关键

1. 面团要和得较软，而且要蒸透。

2. 成形时厚薄均匀，筒要卷紧。

六、品种拓展

也可换用其他馅心，或滚粘黑芝麻粉、熟糯米粉等，制成不同风味特色的驴打滚儿。

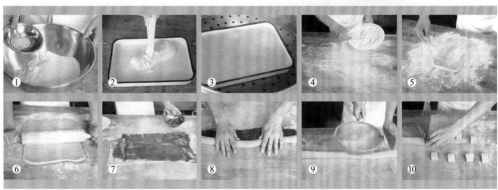

　　豆面糕又称驴打滚儿，是北京小吃中的古老品种之一。"驴打滚儿"似乎是一种形象比喻，因其制成后要放在黄豆面中滚一下，如郊野真驴打滚扬起灰尘似的，故而得名。这一点连前人也发出疑问。《燕都小食品杂咏》中就说："红糖水馅巧安排，黄面成团豆里埋。何事群呼'驴打滚儿'，称名未免近诙谐。"

驴打滚儿

层次分明、香、甜、黏、有浓郁的豆面香味。

KAIKOUXIAO
开口笑

一、实验目的

通过实验掌握混酥面团的调制方法，掌握开口笑的成形方法和成熟方法。

二、成品标准

色泽金黄，酥脆香甜。

三、实验准备

1. 原料（制5份量）

面粉500克、白糖150克、饴糖100克、鸡蛋50克、黄油50克、泡打粉2克、清水100克、脱壳芝麻150克、色拉油2 000克（炸用）。

2. 器具

不锈钢盆、切刀、大漏勺、锅等。

四、操作步骤

1. 调团：面粉置于案板上，加泡打粉混匀后刨成凹形，鸡蛋、黄油、白糖、饴糖、清水调成乳浊液，然后与面粉一起堆叠成团。

2. 成形：将脱壳芝麻放入盆中，加少许清水润湿。将和好的面团分成小块，搓成直径为2厘米的圆条，用刀横切成剂子，倒入盛有芝麻的盆内，滚粘后取出搓圆即为生坯。

3. 炸：锅内加色拉油中火烧至3成热，下入生坯炸至浮面，端离火口浸炸1分钟，使其自然裂口，然后再上火炸至金黄，出锅沥油装盘。

五、操作关键

1. 和面采用堆叠法，不可久揉生筋。

2. 裹上芝麻之后必须将其搓紧，避免油炸时掉芝麻。

3. 掌握好炸制油温和火力。

六、品种拓展

也可下剂为15克，做成大开口笑。

开口笑

色泽金黄，酥脆香甜。

JIANGZHI PAICHA
姜汁排叉

一、实验目的

通过实验掌握排叉面团的调制方法，掌握排叉的炸制技术，糖浆的熬制和过蜜技术。

二、成品标准

色泽浅黄，酥脆香甜，姜味浓郁。

三、实验准备

1. 原料（制5份量）

面粉200克、姜20克、泡打粉2克、小苏打2克、鸡蛋50克、白糖150克、饴糖100克、朱古力彩针50克、糖桂花15克、色拉油2 000克（炸用）、清水250克。

2. 器具

大擀面杖、切刀、炒勺、锅等。

四、操作步骤

1. 调团：姜切碎，加清水50克浸泡成姜汁。面粉中加入姜汁，小苏打、泡打粉、鸡蛋，揉成面团饧面。

2. 成形：用大擀面杖将饧好的面团擀成约1毫米的大薄片，依次叠起来。然后用刀切成宽为3厘米、长6厘米的长方形片，将两小片叠后再对折，中间顺切三刀，摊开套翻成生坯。

3. 炸制：锅内加色拉油，烧至四成热，放

入排叉生坯，炸成浅黄色。

4. 熬糖：锅内加切好的姜丝、清水200克熬开后捞出姜丝，放入白糖熬化，开锅后放饴糖、糖桂花，继续熬开后移小火上。将炸好的排叉放入糖液过蜜后装入盘中，撒上朱古力彩针即成。

五、操作关键

1. 注意炸制油温。

2. 控制好熬糖的温度和时间。

六、品种拓展

还有一种带咸味的排叉，原料为面粉、小苏打和食盐，也用油炸，做法与姜汁排叉一样，不同的是它不过蜜，有酥、脆、味微咸的特点，爱喝酒的人常以咸排叉当下酒菜用。

姜制排叉，又叫姜丝排叉、姜酥排叉、蜜排叉。它原料中有鲜姜，因食用时有明显的鲜姜味而得名。它不但是北京传统小吃，也是北京茶菜的一个品种。茶菜是满族、回族礼仪性食品。满族人在设席宴客时，习惯用茶及茶食为先，然后才是冷荤、热菜、甜食、汤等，一定按顺序上。回族人不饮酒，但为了礼节，多以茶代酒，因而茶菜是必不可少的。

姜汁排叉

色泽浅黄，

酥脆香甜，

姜味浓郁。

SAQIMA

萨其马

一、实验目的

通过实验掌握萨其马面团的调制方法，掌握其成形方法。

二、成品标准

绵甜松软，甜而不腻，入口即化，味道香浓。

三、实验准备

1.原料（制30份量）

面粉500克、鸡蛋150克、干酵母5克、泡打粉5克、清水100克、白糖150克、饴糖100克、糖桂花25克、葡萄干50克、色拉油2 000克（炸用）。

2.器具

大擀面杖、切刀、炒锅、大漏勺、不锈钢方盘等。

四、操作步骤

1.调团：面粉加鸡蛋、干酵母、泡打粉、清水一起调成团，盖上湿毛巾饧面。

2.切条：将面团用大擀面杖擀成薄片，切成面条，抖去多余扑粉。

3.炸条：锅内加色拉油烧至5成热，分次下面条炸至松泡，捞出沥油。

4.裹蜜：取一不锈钢方盘，抹油，撒上葡萄干。锅内加少许的清水，加白糖、饴糖、糖桂花熬开，淋入炸面条中迅速拌匀，放入平盘中，用滚筒压实，晾凉。

5.切块：将萨其马扣于案板上，用切刀切成块装盘。

五、操作关键

1.面条粗细要一致。

2.炸制油温不宜过高。

3.熬糖时水不宜过多，熬至可拉丝方可裹蜜。

六、品种拓展

若和面时不添加干酵母，仅用面粉、鸡蛋和泡打粉、水和面，则为香脆的萨其马。还可用部分苦荞粉或玉米粉等代替等量的面粉，制作苦荞萨其马、玉米萨其马等。

　　萨其马原本是满族祭祀的祭品，《燕京岁时记》中记载："萨其马乃满洲饽饽，以冰糖、奶油和白面为之，形如糯米，用不灰木烘炉烤熟，遂成方块，甜腻可食。"随着清朝的建立，萨其马也跟着入关，由北向南，传遍全国，成为了一种民间流行食品。

萨其马

绵甜松软，甜而不腻，入口即化，味道香浓。

DOUFUNAOER
豆腐脑儿

一、实验目的

通过实验掌握豆腐脑儿的制作方法，掌握其卤汁的制作方法。

二、成品标准

质地细嫩、口味鲜美、富有营养。

三、实验准备

1. 原料（制30份量）

黄豆50克、内酯2克、肥瘦猪肉100克、黄花菜10克、木耳10克、鲜汤500克、水淀粉50克、香菜50克、酥黄豆50克、馓子50克、榨菜碎50克、芹菜碎50克、红油50克、清水750克、色拉油50克。

2. 器具

豆浆机、切刀、不锈钢锅、薄片勺等。

四、操作步骤

1. 制豆腐脑：黄豆加清水浸泡1天以上，加15倍清水磨成豆浆。过滤后入锅熬开，关火倒入保温桶内。将内酯加少许水融化，倒入豆浆中，快速搅匀，加盖静置20分钟，待其凝固即成。

2. 打卤：黄花菜水发后切段，木耳水发后切丝。肥瘦猪肉切片，码味上浆；锅内加色拉油，下猪肉片炒散，加黄花菜，木耳炒香，掺入鲜汤，烧开调味，用水淀粉勾芡，即成咸卤。

3. 装碗：用薄片勺将豆腐脑儿舀入碗中，淋上咸卤，撒上酥黄豆、馓子、榨菜碎、芹菜碎、红油、香菜即成。

五、操作关键

1. 掌握好黄豆、水和内酯的比例。

2. 打卤勾芡要注意淀粉和水的比例。

六、品种拓展

可换用其他原料制作咸卤；也可用红糖加水熬浓制成甜卤。

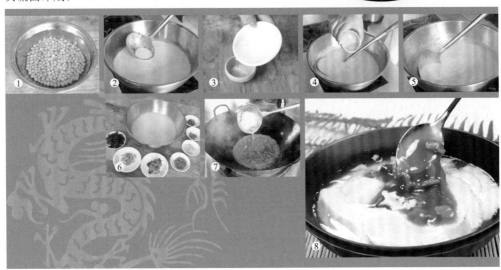

豆腐脑即豆腐花，又称老豆腐，嫩豆腐、豆花，是利用大豆蛋白制成的高营养食品。豆腐脑也是北京的传统风味小吃。当时有首儿歌："要想胖，去开豆腐房，一天到晚热豆腐脑儿填肚肠"。早年前门外门框胡同的豆腐脑白和鼓楼豆腐脑马最为有名，人称"南白北马"。

豆腐脑儿

质地细嫩

口味鲜美

富有营养

XINGREN DOUFU
杏仁豆腐

一、实验目的

通过实验掌握冻类品种的制作方法。

二、成品标准

形如豆腐，细腻爽滑，清凉宜人，夏季佳品。

三、实验准备

1. 原料（制5份量）

甜杏仁片50克、鲜牛奶500克、琼脂10克、白糖150克、草莓100克、蜂蜜50克。

2. 器具

不锈钢盆、切刀、方盒、滤筛等。

四、操作步骤

1. 泡琼脂、磨粉：琼脂入冷水浸泡至软；杏仁片磨制成粉。

2. 熬汁：锅内加水，放入琼脂熬化，加鲜牛奶、白糖、杏仁粉烧开，入味后起锅，过滤装入方盒内，冷后入冰箱冷藏成冻。

3. 装盘：将冷藏后的杏仁豆腐取出，扣出切成块状装入碗内，草莓切块状铺在表面上，淋上蜂蜜即成。

五、操作关键

1. 琼脂应充分浸泡，软后使用。

2. 白糖、鲜牛奶、琼脂的比例要适当。

3. 冷藏后食用更佳。

六、品种拓展

可选用杏仁露或少量杏仁香精代替杏仁粉。

杏仁豆腐是一道风味独特的北京小吃，外观白白嫩嫩像豆腐，入口爽滑，美容解暑。

杏仁豆腐

形如豆腐

细腻爽滑

清凉宜人

夏季佳品

参 考 文 献

[1] 陈迤.面点制作技术[M].1版.北京:中国轻工业出版社,2006.

[2] 夏琪.江苏小吃[M].1版.北京:中国轻工业出版社,2001.

[3] 徐永珍.中国淮扬菜——淮扬面点与小吃[M].1版.南京:江苏科学技术出版社,2000.

[4] 董德安.淮扬风味面点五百种[M].1版. 南京:江苏科学技术出版社,1988.

[5] 薛党辰.扬州名小吃[M].1版.郑州:中原农民出版社,2003.

[6] 钟志惠.面点工艺学[M].1版.成都:四川人民出版社,2002.

[7] 广州市服务行业中等专业学校.广州点心教材[Z].1979年内部刊印.

[8] 帅焜.广东点心精选[M].广州:广东科技出版社,1991.

[9] 李春方,樊国忠.闾巷话蔬食：老北京民俗饮食大观[M].北京:北京燕山出版社,1997.

[10] 周家望.老北京的吃喝[M].北京:北京燕山出版社,2007.

[11] 陈连生,肖正刚.北京小吃[M].北京:中国轻工业出版社,2009.

[12] 食尚文化.老北京风味小吃[M].北京:化学工业出版社,2010.

后记
HOUJI

　　《面点制作技术——中国名点篇》一书，经过近一年的编写和反复修订及实践验证，终于完成并出版了。面点制作技术是烹饪工艺与营养专业的重要专业课程，也是烹饪的特色技能课程。通过学习该课程，可以使学生进一步巩固面点制作工艺的相关理论知识，强化训练面点制作的基本功、操作手法和操作要领，达到能独立完成面点品种制作的能力，而对不同流派的面点制作技术了解和学习，能使学生触类旁通，举一反三，各取所长，满足日益多变的餐饮行业需求。

　　由于西部的代表四川小吃已经专门成书出版，这本教材就着重介绍东部代表淮扬面点、北部代表京式面点、南部代表广东点心，根据各流派的特色和老师教学的需要分别精选具有代表性的品种，并组织面点教研室老师反复实践验证，最终撰写成文。

　　本书由四川烹饪高等专科学校陈逸副教授主编，由烹饪系面点教研室陈实、程万兴、罗文、张松、冯明会、胡金祥等专业老师具体编写，欧阳灿老师摄影。本教材在编写过程中，得到了学校领导的关心、支持和帮助，也得到了学校酒店实验实训教学中心、教务处以及侯智勇、聂玉奇、郑存平等行业同仁的大力支持，同时西南交通大学出版社也给予了大力协助，我们吸收和借鉴了一些专家学者的研究成果和教改成果，在此一并表示感谢。

　　面点制作技术随着餐饮行业的发展在不断创新，因此本教材在编写中难免存在不足之处，敬请同行专家和读者提出宝贵意见，以期再版时臻于完善。

编者

2012年12月